JN271719

日本音響学会 編
The Acoustical Society of Japan

音響サイエンスシリーズ **2**

空間音響学

飯田一博　　森本政之

編著

福留公利　　三好正人
宇佐川毅

共著

コロナ社

音響サイエンスシリーズ編集委員会

編集委員長
九州大学
工学博士　岩宮眞一郎

編　集　委　員

明治大学
博士(工学)　　上野佳奈子

日本電信電話株式会社
博士(芸術工学)　　岡本　学

九州大学
博士(芸術工学)　　鏑木　時彦

金沢工業大学
博士(工学)　　土田　義郎

九州大学
博士(芸術工学)　　中島　祥好

東京工業大学
博士(工学)　　中村健太郎

九州大学
Ph.D.　　森　周司

金沢工業大学
博士(芸術工学)　　山田　真司

(五十音順)

(2010 年 4 月現在)

刊行のことば

　われわれは，音からさまざまな情報を読み取っている．言葉の意味を理解し，音楽の美しさを感じることもできる．音は環境の構成要素でもある．自然を感じる音や日常を彩る音もあれば，危険を知らせてくれる音も存在する．ときには，音や音楽を聴いて，情動や感情が想起することも経験する．騒音のように生活を脅かす音もある．人間が築いてきた文化を象徴する音も多数存在する．

　音響学は，音楽再生の技術を生みかつ進化を続け，新しい音楽文化を生み出した．楽器の奏でる繊細な音色や，コンサートホールで聴く豊かな演奏音を支えているのも，音響学である．一方で，技術の発達がもたらした騒音問題に対処するのも，音響学の仕事である．

　さらに，コミュニケーションのツールとして発展してきた電話や携帯電話の通信においても音響学の成果が生かされている．高齢化社会を迎え，聴力が衰えた老人のコミュニケーションの支援をしている補聴器も，音響学の最新の成果である．視覚障害者に，適切な音響情報を提供するさまざまな試みにも，音響学が貢献している．コンピュータやロボットがしゃべったり，言葉を理解したりできるのも，音響学のおかげである．

　聞こえない音ではあるが，医療の分野や計測などに幅広く応用されている超音波を用いた数々の技術も，音響学に支えられている．魚群探査や潜水艦に用いられるソーナなど，水中の音を対象とする音響学もある．

　現在の音響学は，音の物理的な側面だけではなく，生理・心理的側面，文化・社会的側面を包含し，極めて学際的な様相を呈している．音響学が関連する技術分野も多岐にわたる．従来の学問分野に準拠した枠組みでは，十分な理解が困難であろう．音響学は日々進化を続け，変貌をとげている．最先端の部

分では，どうしても親しみやすい解説書が不足がちだ。さらに，基盤的な部分でも，従来の書籍で十分に語り尽くせなかった部分もある。

音響サイエンスシリーズは，現代の音響学の先端的，学際的，基盤的な学術的話題を，広く伝えるために企画された。今後は，年に数点の出版を継続していく予定である。音響学に関わる，数々の今日的トピックを，次々と取り上げていきたい。

本シリーズでは，音が織りなす多彩な姿を，音響学を専門とする研究者や技術者以外の方々にもわかりやすく，かつ多角的に解説していく。いずれの巻においても，当該分野を代表する研究者が執筆を担当する。テーマによっては，音響学の立場を中心に据えつつも，音響学を超えた分野のトピックにも切り込んだ解説を織り込む方針である。音響学を専門とする研究者，技術者，大学で音響を専攻する学生にとっても，格好の参考書になるはずである。

本シリーズを通して，音響学の多様な展開，音響技術の最先端の動向，音響学の身近な部分を知っていただき，音響学の面白さに触れていただければと思う。また，読者の皆さまに，音響学のさまざまな分野，多角的な展開，多彩なアイデアを知っていただき，新鮮な感動をお届けできるものと確信している。

音響学の面白さをプロモーションするために，音響学関係の書物として，最高のシリーズとして展開し，皆様に愛される，音響サイエンスシリーズでありたい。

2010 年 3 月

音響サイエンスシリーズ編集委員会

編集委員長　岩宮眞一郎

まえがき

　ヒトは，2つの耳で受け取った音響信号から，その音源の方向や距離をどのようにして知覚しているのだろうか。また，コンサートホールなどで音楽を聴く際，音の広がりをどのようなメカニズムで感じ取っているのだろうか。さらに，このような音環境を時間特性や周波数特性だけでなく空間特性も含めて再現，あるいは制御するにはどうしたらいいのだろうか。

　本書は，音の空間特性に関する知覚メカニズムを物理的，心理的側面から解明し，さらに空間特性の再現あるいは制御方法を探究する"空間音響学"について，体系的かつ詳細に述べることを目的としている。

　空間音響の研究は，20世紀中頃，とりわけ1950年代頃から急速な進歩を遂げた。当時の研究成果の集大成として，ルール大学（ドイツ）のブラウエルト教授は"RÄUMLICHES HÖREN"を著した。1974年のことである。この著作は，後に英語版"Spatial Hearing"が出版され，改訂を重ねた。また，日本の研究成果を増補した"空間音響"（イェンス ブラウエルト・森本政之・後藤敏幸 編著）が1986年に出版された。しかし，1990年代以降の空間音響の研究の進展は目を見張るものがあり，この分野の研究者，あるいは，新たにこの分野の研究を始めようとする人が学んでおくべき研究成果を体系的に再構築する必要が出てきた。

　本書は，空間音響の原理と応用について，著者らの知見の及ぶ範囲で，国際的な観点から2010年時点での最新の研究成果を盛り込んでまとめたものである。具体的には，音環境評価と空間音響の関わり，方向感，距離感，広がり感を中心とした空間特性に関する聴覚事象の基礎的な知見と知覚メカニズム，音場の空間特性の収録方法，再生方法，さらに，2つの耳に入力した音響信号から音源方向を推定する方法，複数の音源から特定の音源を分離抽出する方法な

どについて，目次に示すような内容，および構成でまとめた。

　空間音響学は，かつてはヒトの空間知覚メカニズムの解明が中心テーマであり，研究成果が工学的な応用に直結することは多くはなかったが，近年のディジタル信号処理技術の進展と相まって，3次元音響再生，臨場感通信，ロボット聴覚などへの展開が期待される研究分野となってきた。応用研究の進歩はこれからますます加速されるであろう。

　本書が，空間音響学の諸問題に携わる読者の研究，あるいは技術開発の一助になれば，著者らにとってこのうえない喜びである。執筆には細心の注意を払ったが，もとより浅学非才の身，お気づきの点があれば，ご指導，ご叱正いただければ幸いである。

　2010年3月中旬　早咲きの桜の蕾がほころび始めた頃

飯田一博，森本政之

執筆分担	
飯田一博	2章，4章
森本政之	1章
福留公利	3章，4章
三好正人	4章
宇佐川毅	5章

目　　　次

── 第1章　空間音響学について ──

1.1　音環境評価システムと空間音響学 …………………………………… *1*
1.2　空間音響における音源と音像 …………………………………………… *3*
1.3　空間音響シミュレーション …………………………………………… *4*
1.4　座　標　系 ……………………………………………………………… *4*
引用・参考文献 …………………………………………………………………… *5*

── 第2章　空間音響の基礎 ──

2.1　空間音響と頭部伝達関数 ……………………………………………… *6*
　2.1.1　頭部伝達関数の定義 ……………………………………………… *6*
　　2.1.2　頭部伝達関数の測定法 ………………………………………… *7*
　　　2.1.3　水平面および正中面の頭部伝達関数 ……………………… *8*
　　　2.1.4　頭部伝達関数と方向知覚 …………………………………… *10*
　　　　2.1.5　頭部伝達関数の個人差と個人適応 …………………… *11*
2.2　方　向　知　覚 ………………………………………………………… *13*
　2.2.1　左右方向の知覚 …………………………………………………… *13*
　　2.2.2　前後・上下方向の知覚 ………………………………………… *17*
　　　2.2.3　方向知覚の弁別限 …………………………………………… *26*
　　　　2.2.4　第1波面の法則 ……………………………………………… *27*
2.3　距　離　知　覚 ………………………………………………………… *30*
　2.3.1　音源距離と音像距離 ……………………………………………… *30*
　　2.3.2　距離知覚に影響を及ぼす物理的要因 ………………………… *31*
2.4　広　が　り　知　覚 …………………………………………………… *34*

2.4.1　広がり感の定義 ･･ 34
　　　2.4.2　みかけの音源の幅（ASW）に影響を及ぼす物理的要因 ･････ 36
　　　2.4.3　両耳間相関度による ASW の評価 ･････････････････････････ 39
　　　2.4.4　音に包まれた感じ（LEV）に影響を及ぼす物理的要因 ･･････ 42
引用・参考文献 ･･ 45

第 3 章　空間音響の収録

3.1　空間音響収録の基礎 ･･ 51
　3.1.1　自由空間で両耳に届く音の特性 ････････････････････････････ 51
　3.1.2　自由空間に置かれた球状頭（球バフル）による音の回折 ･･････ 52
　3.1.3　耳道だけが付いている球状頭に届く音の特性 ････････････････ 55
　3.1.4　反射音が存在する空間で両耳に届く音の特性 ････････････････ 61
　3.1.5　聴き手の位置が想定できる場合の
　　　　　　　　　　　　　　　空間音響の収録問題 ･････ 66
　3.1.6　回折数値計算で求めた球状頭
　　　　　　　　（「点の耳」付き）のインパルス応答 ･･･ 68
3.2　ダミーヘッド収録 ･･ 70
　3.2.1　最初のダミーヘッド収録再生実験 ･･････････････････････････ 71
　3.2.2　ダミーヘッドステレオフォニー ････････････････････････････ 72
　3.2.3　標準化ダミーヘッドでの収録 ･･････････････････････････････ 75
　3.2.4　特定の人から型取り製作したダミーヘッドでの収録 ･･････････ 77
3.3　実　頭　収　録 ･･ 78
　3.3.1　実頭での頭部インパルス応答の測定（無響室） ･･････････････ 79
　3.3.2　実頭での頭部インパルス応答の測定と収録（有響室） ････････ 80
3.4　マルチマイクロホン収録 ･･ 82
　3.4.1　空間内の音波を観察・収録するには ････････････････････････ 82
　3.4.2　音場空間から一部の空間を丸ごと収録する原理 ･･････････････ 83
　3.4.3　wave field synthesis（波動場合成）とマルチマイクロホン収録 93
引用・参考文献 ･･･ 101

第4章　空間音響の再生

4.1　ヘッドホンによる空間音響の再生 …………………………… 106
　4.1.1　耳入力信号の再現 ……………………………………… 106
　　4.1.2　空間知覚の手がかりの再現 ………………………… 111
4.2　2チャネルスピーカによる空間音響の再生 ………………… 114
4.3　多チャネルスピーカによる空間音響の再生 ………………… 118
　4.3.1　2チャネルスピーカによる空間音響の再生の拡張 … 118
　　4.3.2　多点音圧制御および波面合成 ……………………… 122
引用・参考文献 …………………………………………………… 126

第5章　音源方向推定・音源分離

5.1　音源方向推定の基礎的な考え方とその分類 ………………… 129
5.2　両耳間時間差（両耳間位相差）・両耳間レベル差の基本特性 …… 132
5.3　両耳聴モデルの例 ……………………………………………… 135
　5.3.1　両耳間相互相関を用いた古典的モデル ……………… 135
　　5.3.2　カクテル・パーティ・プロセッサ …………………… 136
　　　5.3.3　周波数領域両耳聴モデル ………………………… 141
5.4　左右方向の探査 ………………………………………………… 149
　5.4.1　両耳間相互相関を用いた古典的モデルによる探査 … 150
　　5.4.2　カクテル・パーティ・プロセッサによる探査 ……… 150
　　　5.4.3　周波数領域両耳聴モデルによる探査 …………… 151
5.5　前後・上下方向の探査 ………………………………………… 153
5.6　複数音源の探査 ………………………………………………… 155
5.7　マイクロホンアレイによる音源方向推定・音源分離 ……… 157
引用・参考文献 …………………………………………………… 159

索　　引 …………………………………………………………… 162

第1章
空間音響学について

本書は,空間音響について様々な研究を体系的にまとめたものである。本章では,具体的なことがらについて述べる前に,われわれの日常生活における音環境評価と空間音響学との関わりについて考察する。

また,空間音響の研究においてよく用いられる用語である「音源」と「音像」の違いについて明確にするとともに,「空間音響シミュレーション」についてもその本質について簡単に説明する。

1.1 音環境評価システムと空間音響学

ある空間において,**音源**(sound source)から放射された音響信号を入力とし,その音響信号が作り出す音場に対する受聴者の総合主観評価を出力とする評価システムは,簡単には**図 1.1** のように表すことができる[1),2)]†。

物理空間において,音源から放射された音響信号 $S(\omega)$ は境界面(壁や天井)による反射や散乱や回折等の影響を表す空間伝達関数 $R(\omega)$ の影響を受けて受聴者の位置に到達する。さらに,この音響信号は頭部の影響を表す**頭部伝達関数**(**HRTF**:head-related transfer function)$H_{l|r}(\omega)$ の影響を受けて受聴者の左右の**外耳道入口**(entrance of external ear canal)に到達し**耳入力信号**(ear input signal)となる。この信号 $P_{l|r}(\omega)$ は $S(\omega) \times R(\omega) \times H_{l|r}(\omega)$ で表され,受聴者の聴覚器官への入力すなわち心理空間への入力である音刺激(acoustic stimulus)となる。このとき,音刺激すなわち物理空間と心理空間の接点としては,物理測定が容易なことから,外耳道入口の音圧が一般に考えら

---

† 肩付数字は各章末の引用・参考文献番号を表す。

1. 空間音響学について

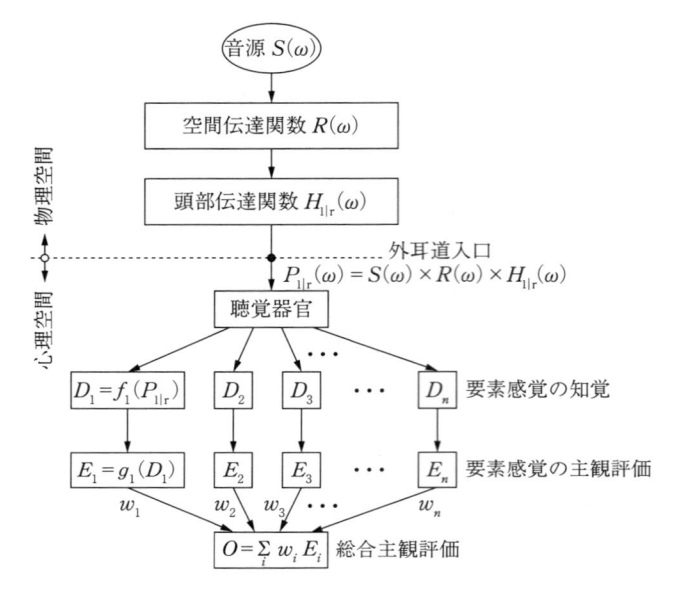

図1.1 音環境評価システム

（図中のテキスト：音源 $S(\omega)$、空間伝達関数 $R(\omega)$、頭部伝達関数 $H_{l|r}(\omega)$、外耳道入口、$P_{l|r}(\omega) = S(\omega) \times R(\omega) \times H_{l|r}(\omega)$、聴覚器官、$D_1 = f_1(P_{l|r})$, D_2, D_3, $\cdots$, D_n 要素感覚の知覚、$E_1 = g_1(D_1)$, E_2, E_3, $\cdots$, E_n 要素感覚の主観評価、w_1, w_2, w_3, $\cdots$, w_n、$O = \sum_i w_i E_i$ 総合主観評価、物理空間／心理空間）

れている。

心理空間において，受聴者は次に示す3つの性質に大別できる様々な要素感覚をもった**音像**（sound image）を知覚する。

1）時間的性質　　残響感，リズム感，持続感など
2）空間的性質　　方向感，距離感，広がり感など
3）質的性質　　大きさ，高さ，音色など

続いて，受聴者はそれぞれの要素感覚に対して個人の嗜好に基づいて主観評価を行い，さらに，各要素感覚の主観評価を再び個人の嗜好に基づいて重み付け，それらを統合し総合評価を下す。

ここで重要なことは，この評価システムの心理空間には2種類の個人差が存在していることである。1つは要素感覚を知覚する際の個人差であり，もう1つは主観評価を下す際の個人差である。例えば，朗読を60 dBと70 dBの2種類の音圧レベルで聴取する場合を考えてみよう。「どちらがより音が大きいか？」と質問すると誰もが70 dBのほうを答えるであろう。この場合，個人差は「音の大きさ」という要素感覚に対する感度差として表れる。しかし，「ど

ちらが好きか？」と質問すると人によって答えが逆になることは容易に想像できる。これが主観評価における個人差である。総合評価の際の重み付けにも同様の個人差が存在する。

すなわち，不特定多数の聴き手を対象にして，音環境の普遍的な総合評価は不可能である。言い換えると，制御したり評価したりできるものは，音像の個々の性質であることがわかる。

数ある音像の性質の内で，音像の空間的性質を制御したり，評価したりする方法について学ぶ学問が空間音響学ということになる。そのために具体的には，本書では，耳入力信号 $P_{l|r}(\omega)$ に含まれている音像の空間的性質の知覚のための**音響的手がかり**（キュー：cue），耳入力信号の中に含まれる空間情報を決定付ける頭部伝達関数の性質やその測定・計算，それらを基にした空間音響の収録・再生方法，さらには，聴覚による空間知覚メカニズムを利用した音源方向の推定・分離技術などについて扱っている。

1.2 空間音響における音源と音像

図 1.1 では，音響信号を発するものを「音源」，発せられた音響信号によって受聴者が知覚するものを「音像」という用語を用いて記述している。事象に対する理解を容易にし，議論を深めるためには，音源と音像を明確に区別しておく必要がある。例えば，方向感について考えてみると，音響信号の性質によっては，音源の方向と音像の方向が一致しないことがしばしば見られる。

「正しい方向定位」という表現がよく使われるが，これは，「音響信号を発した音源の方向と受聴者が知覚した音像の方向とが一致する場合」，「知覚した音像の方向に関係なく音響信号を発している音源の方向を同定できる場合」，「音源の方向に関係なくシミュレーションした方向に音像を知覚できる場合」の 3 つの解釈が可能である。このように「音源」と「音像」を明確に区別しておかなければ，議論がかみ合わないことになる。同じようなことは距離感についてもいえる。

コラム1

「実音源 (real sound source)」,「実音像 (real sound image)」,「虚音源 (virtual sound source)」,「虚音像 (virtual sound image)」といった用語をしばしば目にすることがあるが,音像はそれ自体「虚」であるので,「実音像」や「虚音像」は誤った用語であることがわかる。

1.3 空間音響シミュレーション

音像の空間的性質の知覚のための手がかりや頭部伝達関数に関する研究の多くは音像の空間的性質のシミュレーションを目的としたものである。図1.1に基づけば,聴き手の両外耳道入口に,**原音場**(シミュレートしようとする音場)において聴き手の両外耳道入口に生じる耳入力信号 $P_{1|r}(\omega)$ を再現すれば,原音場において知覚される音像の空間的性質をシミュレートできることは容易に想像できる。そのためには,原音場そのものを別空間に再現する方法と音場に関係なく耳入力信号を再現する方法の2つの方法が考えられ,それらについて本書で紹介するが,耳入力信号に関係なく知覚のためのキューを再現する方法も原理的には可能である。特に再現したい空間的性質を限定すれば可能性はより高い[3]。

1.4 座 標 系

空間音響に関する座標すなわち音源の位置,音像の位置,測定点の位置などを表すのに通常,**図1.2**に示すような,頭を中心とする座標系が用いられる。座標系の原点は,両外耳道入口を結ぶ線分の中点である。**水平面**(horizontal plane)は,右眼窩点と左右の耳珠を含む平面で,これは国際的に人体計測の方法として定められているものである。**横断面**(transverse plane)は,両外耳道入口を通り水平面に垂直な面である。**正中面**(median plane)は,水平面と横断面の両方に直交する平面である。もちろん,3つの平面は座標系の原点

(a) 球座標系　　　　　　(b) 矢状面座標系

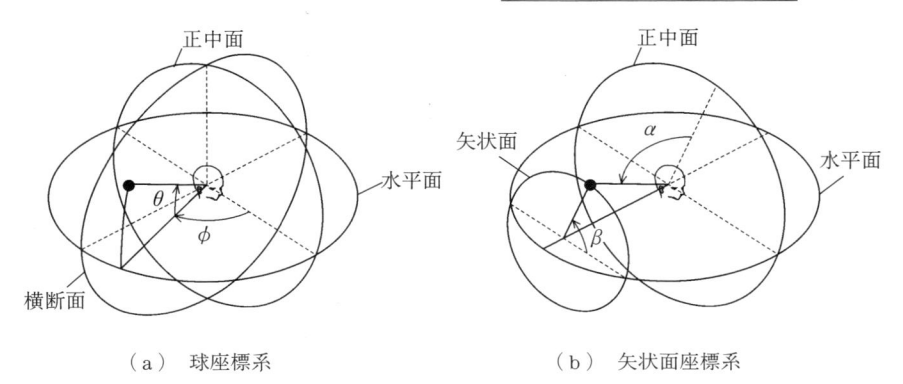

図1.2　頭を中心とする座標系

を含む。ここで，角度 ϕ は **方位角**（azimuth angle），角度 θ は **仰角**（elevation angle）である。

通常用いられる図（a）の球座標系とは別に図（b）に示す **矢状面座標系**[4),5)] が使われる場合がある。本座標では，正中面に平行な面として矢状面が新たに定義される。図中，角度 α は音源と原点を結ぶ直線と両外耳道入口を通る直線である **耳軸**（aural axis）がなす角の余角で，角度 β は矢状面内における仰角である。ここで，角度 α は **側方角**（lateral angle）と呼び，角度 β は球座標系の仰角と区別するため **上昇角**（rising angle）と呼ぶ。

引用・参考文献

1) 中山　剛，三浦種敏：音響評価の方法論について，音響会誌，**22**, pp.319–331 (1966)
2) 森本政之：室内音響心理評価のための物理指標，音響会誌，**53**, pp.316–319 (1997)
3) K. Iida and M. Morimoto：Basic study on sound field simulation based on running interaural crosscorrelation, Applied Acoustics, **38**, pp.303–317 (1993)
4) M. Morimoto and H. Aokata：Localization cues in the upper hemisphere, J. Acoust. Soc. Jpn. (E), **5**, pp.165–173 (1984)
5) J. C. Middlebrooks：Narrow-band sound localization related to external ear acoustics, J. Acoust. Soc. Am., **92**, pp.2607–2624 (1992)

第2章 空間音響の基礎

ヒトは耳で受け取った音響信号からどのようにして音の空間特性を知覚しているのだろうか。本章では，空間音響において重要な役割を果たす頭部伝達関数について詳しく論じる。さらに，方向感，距離感，広がり感などの空間特性に関する聴覚事象を音の物理的側面と心理・知覚的側面の両面から述べる。

2.1 空間音響と頭部伝達関数

音の空間知覚，すなわち音の方向感，距離感，広がり感などの知覚に対して重要な役割を担う物理特性の1つが**頭部伝達関数**（**HRTF**：head-related transfer function）である。頭部伝達関数は方向知覚の手がかりとなる本質的な物理特性であり，広がり感の評価指標である両耳入力信号の相関度（両耳間相関度）を決定づける物理特性でもある。また，距離知覚においても，受聴者から約1m以内の近距離音場では強い影響を与える。このように音の空間知覚に密接に関連する頭部伝達関数から説明を始めよう。

2.1.1 頭部伝達関数の定義

音源から放射された音がヒトの鼓膜に到達するまでの伝達経路は**図2.1**のように記述できる。ヒト，楽器，スピーカなどから発せられた音響信号は，空間インパルス応答が畳込まれて，直接音および反射音として受聴者の頭部近傍に到達する。さらに**頭部インパルス応答**（**HRIR**：head-related impulse response）が畳込まれて外耳道入口に到達し，外耳道を経て鼓膜に届く。

2.1 空間音響と頭部伝達関数　　7

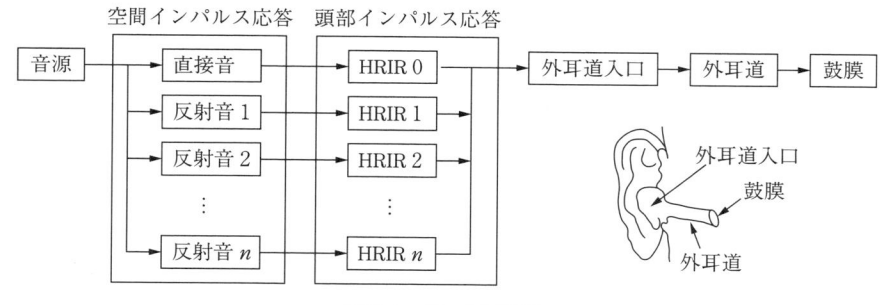

図2.1　音の伝達経路

　頭部伝達関数は，頭部インパルス応答を周波数領域で記述したものである。頭部伝達関数 $H_{l|r}$ は，受聴者の頭，外耳，肩などによる音の伝達特性を表したものであり，式 (2.1) で定義される。

$$H_{l|r}(\omega) = \frac{G_{l|r}(\omega)}{F(\omega)} \tag{2.1}$$

ここで，$G_{l|r}(\omega)$：無響室で測定した，音源から外耳道入口もしくは鼓膜までの伝達関数であり，$F(\omega)$：無響室で測定した，受聴者がいない状態での音源から受聴者の頭部中心に相当する位置までの伝達関数である。

　頭部や外耳は，前後，上下方向で形状が非対称であるため，頭部伝達関数は入射方向に依存して変化する。一方で，外耳道は約 17 kHz 以下の周波数帯域では1次元音場とみなせ，その伝達関数は音の入射方向によらない。このため，頭部伝達関数は外耳道入口で定義されることが多い[1]。

2.1.2　頭部伝達関数の測定法

　頭部伝達関数は，かつては被測定者の鼓膜の手前にプローブマイクロホンを設置して測定されたが，最近は外耳道を塞いだ状態で[2],[3] 外耳道入口に小型マイクロホンを設置して測定されることが多い。この状態を実現するマイクロホンの一例として，耳栓型マイクロホンがある[4]。このマイクロホンは，被験者ごとに耳型を採取し，耳型の外耳道入口に小型コンデンサマイクロホンとシリコンを注入して固めたものである（**図2.2**）。このようなマイクロホンを被測

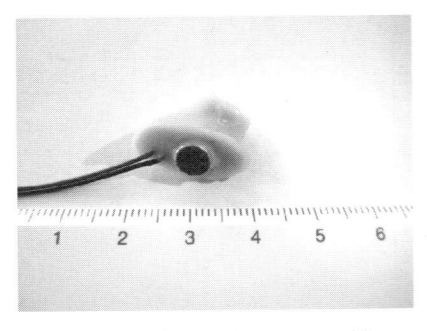

図 2.2 耳栓型マイクロホンの例

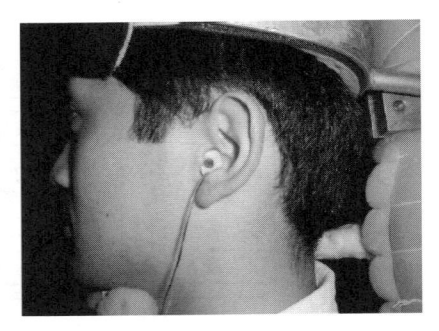

図 2.3 耳栓型マイクロホンを装着した被測定者

定者の外耳道に挿入することにより，外耳道入口において外耳道を閉塞した状態で頭部伝達関数を測定できる（**図 2.3**）。このマイクロホンは，つねに外耳道入口の同じ位置に設置できるため，測定の再現性が高い。また，測定用音源としては，SN 比の観点から **TSP**（time stretched pulse）**信号**や **M 系列信号**がよく使われる。

　頭部伝達関数を数値計算で求める方法も研究されている。頭部や外耳を MRI や光学装置によりディジタイズして数値モデルを作成し，**境界要素法**（**BEM**: boundary element method）や **FDTD**（finite difference time domain）**法**などを用いて算出することが試みられている[5)～8)]。可聴帯域全体にわたって数値計算で求めるには，演算時間や境界条件（各部位の複素音響インピーダンス）の設定などの課題が残されており，今後の研究の進展が期待される。

2.1.3　水平面および正中面の頭部伝達関数

　図 2.4 に正面方向の頭部伝達関数の音圧振幅の測定例を示す。式 (2.1) で定義したように 0 dB は頭部がない状態での頭部中心に相当する位置での音圧レベルである。これを見ると，3～4 kHz に約 10 dB の**ピーク**があり，6 kHz，8 kHz，および 11 kHz 付近にそれぞれ鋭い**ノッチ**（谷）が観察される。ヒトの頭部や外耳はこのような複雑な伝達特性を有しており，われわれは日常まったく意識していないが，このような激しいスペクトラルピーク，ノッチをもった

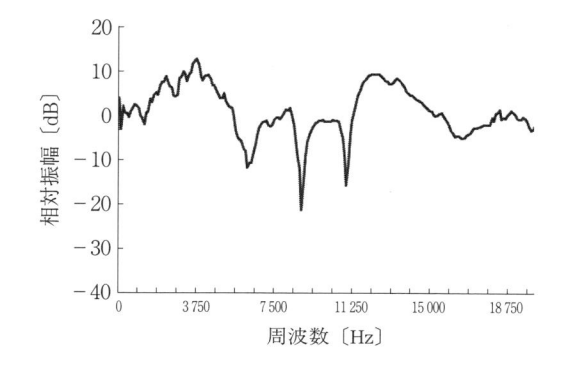

図 2.4 正面方向の頭部伝達関数の音圧振幅の測定例

音を"通常の音"として聴いている。

図 2.5 は水平面内で音源の方位角を変化させた場合の左耳での頭部伝達関数の音圧振幅の測定例である。図（a）は音源を 0°（正面）から 30°間隔で反時計回りに変化させた場合，つまり音源が耳と同じ側にある場合，図（b）は音源を 0°（正面）から 30°間隔で時計回りに変化させた場合，つまり音源が耳と反対側にある場合の測定例である。図（a）に示す音源が耳に近い方向では音圧振幅が大きく，ノッチが明確である。一方，図（b）に示す音源が耳の

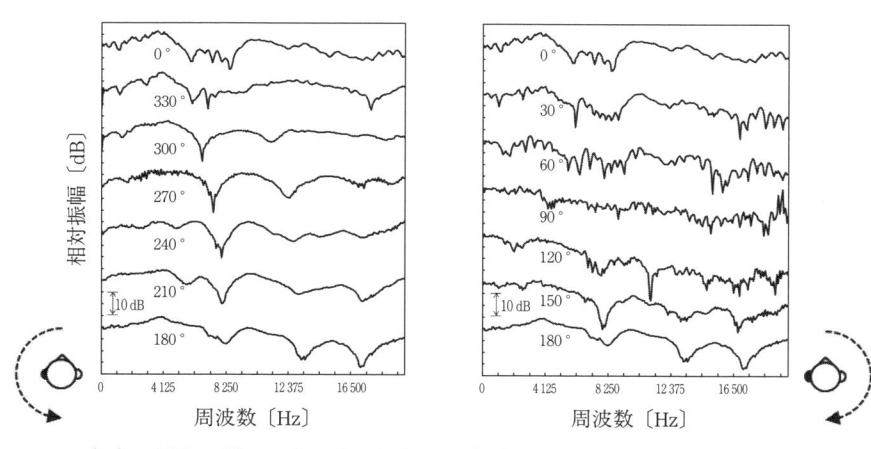

（a） 音源が耳と同じ側にある場合　　（b） 音源が耳と反対側にある場合

図 2.5 水平面内で音源の方位角を変化させた場合の左耳での頭部伝達関数の音圧振幅の測定例

反対側になると、音圧振幅は小さくなり、スペクトル形状も平坦になってくる。これは外耳の影響が小さくなるためである。

図 2.6 は正中面内で音源を正面から後方まで変化させた場合の頭部伝達関数の音圧振幅の測定例である。3～4 kHz 付近のピークは音源の仰角に依存せず、どの方向でも生じていることがわかる。一方、正面方向で 6 kHz と 8 kHz 付近にある鋭いノッチは、音源が上方になるにつれて周波数が高くなり、120°付近で最も高くなる。また、ノッチは 0°や 180°では深いが、上方では浅い。

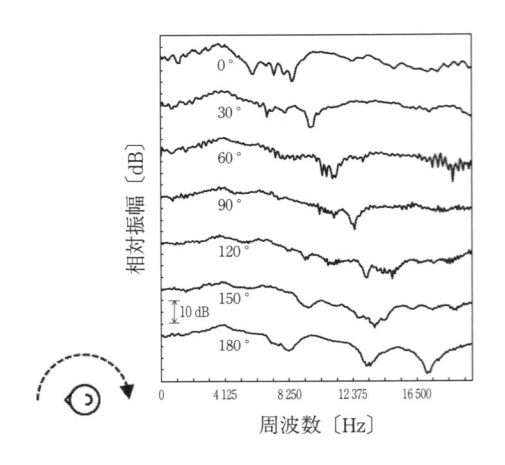

図 2.6 正中面内で音源を正面から後方まで変化させた場合の頭部伝達関数の音圧振幅の測定例（左耳）

2.1.4 頭部伝達関数と方向知覚

このように、頭部伝達関数は音源の方向に依存して顕著に変化する。言い換えれば、頭部伝達関数には音の入射方向の情報が含まれている。したがって、本人のある方向の頭部伝達関数を左右の外耳道入口に再現すれば、受聴者はその方向に音像を知覚する。**図 2.7** は無響室内で**トランスオーラルシステム**（transaural system）（詳細は 4 章を参照）を用いて受聴者の左右の外耳道入口に本人と他人の頭部伝達関数を再現した場合の音像定位実験結果である[9]。図（a）は目標方向が水平面の場合、図（b）は正中面の場合である。パネルは、縦方向に被験者を、横方向に頭部伝達関数を配置している。各パネルの横軸は目標方向、縦軸は回答方向である。これらの図は、本人の頭部伝達関数を再現

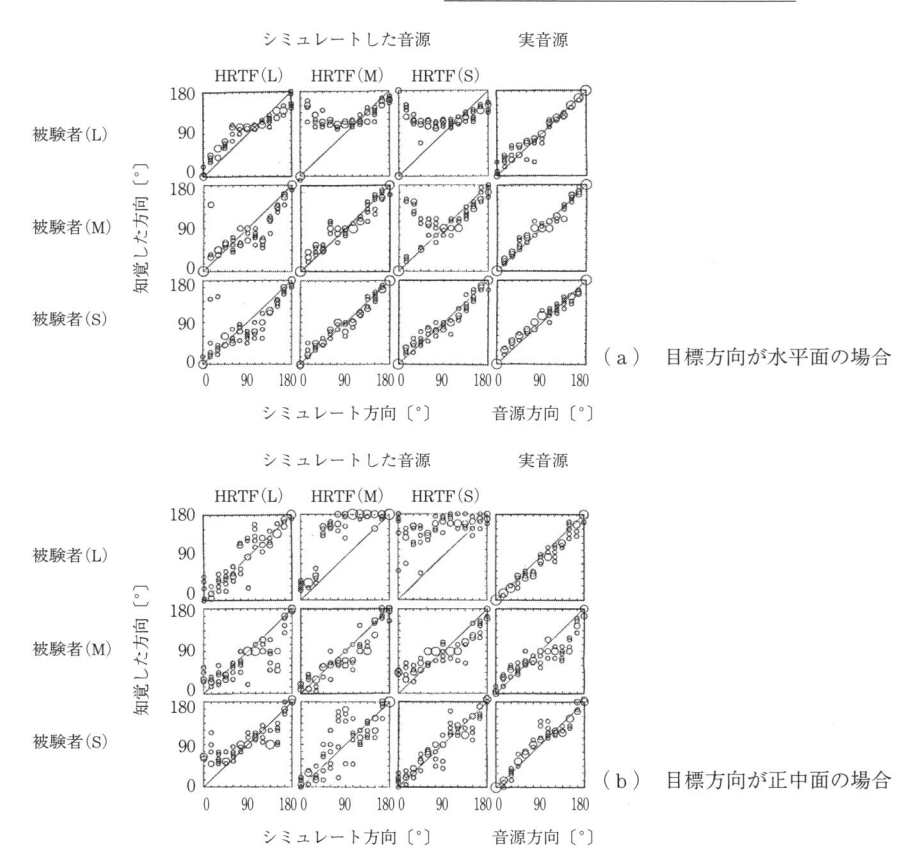

図 2.7 左右の外耳道入口に本人と他人の頭部伝達関数を再現した場合の音像定位実験結果[9]

すると実音源と同程度の方向定位ができることを示している。一方，他人の頭部伝達関数を再現した場合は，頻繁に前後・上下の誤判定が発生している。これらの結果は，方向知覚は本人の頭部伝達関数に含まれている入射方向情報を学習して行われていることを示している。

2.1.5 頭部伝達関数の個人差と個人適応

では，頭部伝達関数にはどの程度の個人差があるのだろうか。正面方向の頭部伝達関数の4人の測定例を**図 2.8**に示す。4人の頭部伝達関数がほぼ同じ振

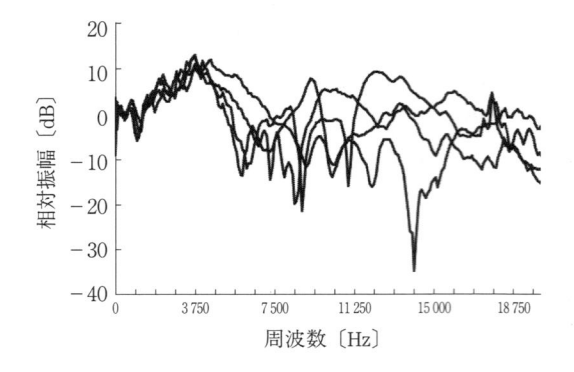

図 2.8 4人の被験者の正面方向の頭部伝達関数の測定例

舞いをするのは約 4 000 Hz 以下だけで,それ以上の帯域では大きな個人差が観察される。この差は,頭部や外耳の形状や大きさの個人差に起因している。

ヘッドホンもしくは 2 つのスピーカと頭部伝達関数を用いた 3 次元音場再生システムがこれまで数多く研究され,提案されているが[2),10)~12)],このようなシステムを不特定多数の受聴者に有効とするには,**頭部伝達関数の個人差**の克服,すなわち頭部伝達関数の個人適応が必要不可欠である。実頭やダミーヘッドを用いて測定した頭部伝達関数データベースがいくつか公開されている[13)~17)]。しかし,データベースから受聴者本人に適合する頭部伝達関数を探索する方法についての研究は,まだ緒に就いたばかりである[18)~23)]。

このような個人適合を実現するには,まず,頭部伝達関数の個人差の物理評価指標が必要であろう。例えば,2 つの頭部伝達関数 H_j と H_k の差を評価する場合,従来より式 (2.2) に示す **SD**(spectral distortion)が便宜的に使われてきた。

$$SD = \sqrt{\frac{1}{N}\sum_{i=1}^{N}\left[20\log_{10}\frac{|H_j(f_i)|}{|H_k(f_i)|}\right]^2} \ \text{[dB]} \quad (2.2)$$

ここで,f_i:離散周波数である。

しかし,最近になって,SD では頭部伝達関数の個人差を説明できないことが明らかになってきた[24),25)]。SD は頭部伝達関数の振幅スペクトルの差をすべての周波数成分で評価したものである。しかし,頭部伝達関数の個人差を評価

するには，方向知覚の手がかりの個人差に着目する必要があるだろう。音像の前後・上下方向知覚において頭部伝達関数の第1，第2ノッチの周波数が特に重要な手がかりである[4]という知見を利用して，ノッチ周波数の個人差に着目した評価指標 NFD（notch frequency distance）が提案されている[24]。ただし，その有効性，妥当性については今後検証を進める必要がある。

2.2 方向知覚

　方向知覚に必要な情報は頭部伝達関数に含まれていることを述べてきたが，では，頭部伝達関数の何を使って方向を知覚しているのだろうか。従来の研究により，方向知覚の手がかりは，左右方向と前後・上下方向で異なることが明らかになっている。それぞれの手がかりについて詳しく説明していこう。

2.2.1　左右方向の知覚

　ヒトの両耳は頭部の両側についているので，音が側方から入射すると両耳への到達時間および音圧に差が生じる。左右の方向知覚の手がかりは，このような頭部伝達関数により生じる両耳間差情報，すなわち**両耳間時間差**（**ITD**：interaural time difference）および**両耳間レベル差**（**ILD**：interaural level difference）であることが古くから知られている[26),27)]。

〔1〕**両耳間時間差**　　左右の方向感は，両耳間時間差に対してほぼ線形に変化する。両耳間時間差と左右音像方向の関係を**図2.9**に示す。この図は，Toole and Sayers[28)]の実験結果を Blauert[29)]がまとめたものである。図の横軸は両耳間時間差で，縦軸は線形軸上に割りつけた耳間偏移の量を示し，0は頭の中央すなわち正面方向に，5は外耳道入口すなわち側方に音像を知覚したことを意味している。時間差0msで正面方向に知覚し，約1msで側方に収束している。また，その間はほぼ線形な関係で推移していることがわかる。また，両耳の頭部インパルス応答から求めた時間差を**図2.10**に示す。正面では0 ms，耳軸方向（側方）で約1 msであり，図2.9の実験結果とよく一致して

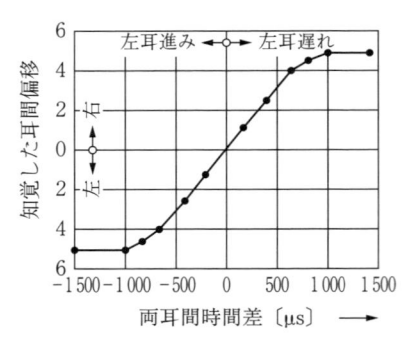

図 2.9 両耳間時間差と左右音像方向の関係[29)]

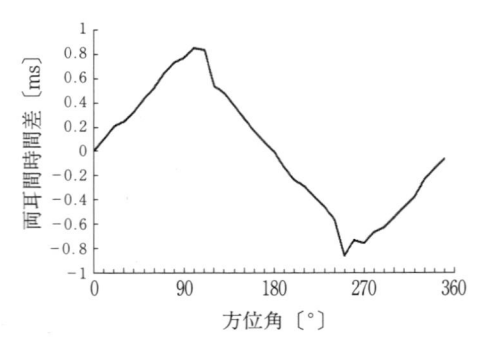

図 2.10 水平面内の音源の両耳間時間差の実測例(実頭)

いる。

ただし,両耳への入力信号そのものの時間差が左右方向の知覚の手がかりになっているのは,約 1 600 Hz 以下に限られる。それ以上の周波数帯域では,**両耳入力信号の包絡線**の時間差が手がかりになっている。

このような両耳間時間差と入射方位角の関係は,音源が受聴者から十分離れていて,入射波が平面波だとみなせるとすると,**図 2.11** のようにモデル化することができる。この条件では,入射方位角は両耳間時間差を用いて,式(2.3)で表される。

$$\phi + \sin\phi = 2c \times \frac{ITD}{D} \tag{2.3}$$

ここで,ϕ:入射方位角〔rad〕,c:音速,ITD:両耳間時間差,D:両耳間距離である。

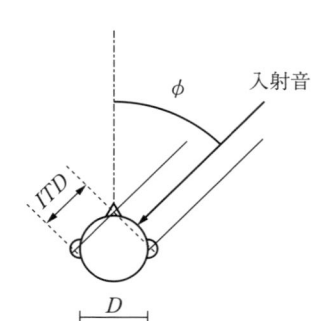

図 2.11 両耳間時間差モデル

2.2 方向知覚

〔2〕 両耳間レベル差　　左右方向感は，両耳間レベル差に対してもほぼ線形に変化する。両耳間レベル差と左右音像方向の関係を**図 2.12** に示す。この図は，600 Hz の純音を用いた Sayers[30] の実験結果と広帯域ノイズを用いた実験結果を Blauert[31] がまとめたものである。この場合，両耳間レベル差が 0 dB のときに正面方向に，±10 dB 程度で側方に知覚している。このレベル差は両耳の頭部伝達関数のレベル差（**図 2.13**）の振舞いとほぼ一致する。両耳間レベル差は，可聴周波数全域にわたって左右方向の知覚の手がかりになっている。

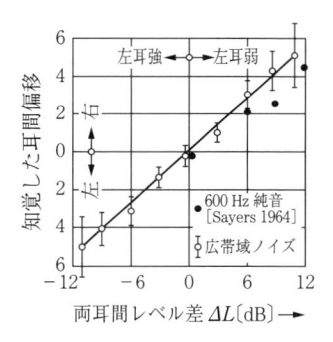

図 2.12 両耳間レベル差と左右音像方向の関係[31]

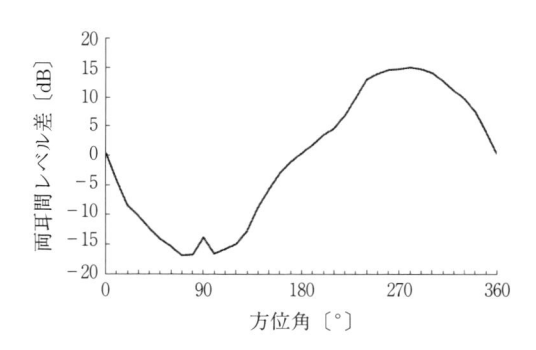

図 2.13 水平面内の音源の両耳間レベル差の実測例（実頭，20〜20 000 Hz の平均値）

両耳間レベル差を工学的に応用したものがステレオシステムである。2 つのスピーカの出力レベルを変化させ，両耳に届く音の大きさの差を制御することで，左右の方向感を実現している。このように，同一の信号を 2 つのスピーカから再生して，1 つの音像が知覚されるとき，その音像を**合成音像**（summing localization）と呼ぶ。合成音像の方向は，**図 2.14** に示すように，2 つのスピー

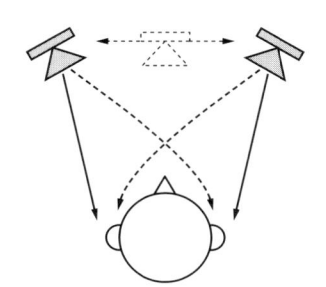

図 2.14 2 つのスピーカの出力レベル差による合成音像の方向制御

カの出力レベルを変化させることによって，2つのスピーカを結ぶ線分上の任意の位置に制御することができる。

では，2つのスピーカを受聴者の前後に配置して側方に合成音像ができるだろうか。図 2.15 に Thiele and Plenge が行った実験結果を示す[32]。受聴者の左側方，方位角 240°および 300°に設置した2つのスピーカの出力レベルを ±18 dB の範囲で変化させたところ，出力レベル差が約 6 dB 以上の範囲では出力レベルの大きいスピーカの方向に知覚し，出力レベル差が 6 dB 以内では，音像方向が急激に変化している。つまり，側方に安定した合成音像は生じておらず，レベル差で前後方向を制御することができるとはいえない。その理由は，2.2.2 項で述べるように，前後方向の知覚の手がかりは両耳間差ではないからである。したがって，スピーカの出力レベル制御（**パニング**）で水平面全周にわたる完全な音像制御を実現するには，側方のスピーカが必要となる。

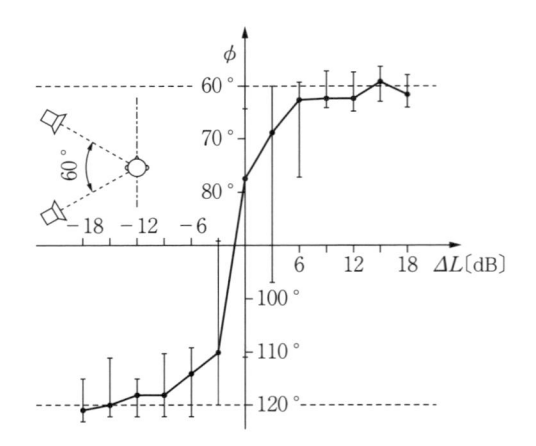

図 2.15 前後に配置したスピーカのレベル差と音像方向の関係[32]

実は，この実験では両耳間レベル差も変化していない。いま，頭部や外耳を前後・上下で対称な形状だと仮定すると，両耳からの距離の差が一定となる点は図 2.16 に示す円錐台となり，**コーン状の混同**（cone of confusion）と呼ばれている。つまり，この円錐台の垂直断面の円周上では，いずれの点においても両耳間差は等しくなる[33),34]。したがって，このような幾何学的情報では，音源が正中面から左右にどれだけ離れているのかを説明することはできるが，

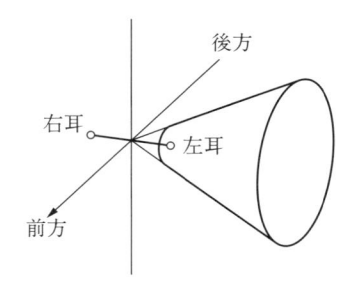

図 2.16 音の方向知覚に関するコーン状の混同[33),34)]

前後・上下方向を同定することはできない。

2.2.2　前後・上下方向の知覚

ヒトの前後・上下方向の定位精度は左右方向と比較して低く，日常生活においてもしばしば**前後誤判定**（front-back confusion）が生じる。前後・上下方向の知覚の手がかりは，左右方向のように単純ではなく，また頑健でもない。ここでは，前後・上下方向の知覚の手がかりや，それにかかわる知見を詳しく述べる。

〔1〕　**前後・上下知覚の手がかり**　前後・上下方向の知覚の手がかりは何だろうか。このテーマに関する研究は 1960 年代から活発に行われ，その結果は，頭部伝達関数の振幅スペクトルが重要であるという点で一致している。これを**スペクトラルキュー**（spectral cue）と呼んでいる。さらに，複雑な振舞いをする振幅スペクトル（図 2.4～図 2.6 参照）のすべての情報が必要なのか，あるいは特定の重要な情報が存在するのか，存在するのであればそれは何かについて，多くの研究が進められてきた。

まず，これらの研究結果で共通するのは，スペクトラルキューは 5 kHz 以上の周波数帯域に存在するということである。森本と斉藤[35)]は，音源信号の周波数帯域が正中面定位の精度に及ぼす影響を詳細に検討した。その結果を**図 2.17** に示す。広帯域ノイズでは良好な正中面定位が得られる。しかし，低域通過ノイズに対しては，遮断周波数が 4 800 Hz になると，音像が上方には現れず，前方もしくは後方の水平面に知覚している。さらに，遮断周波数が

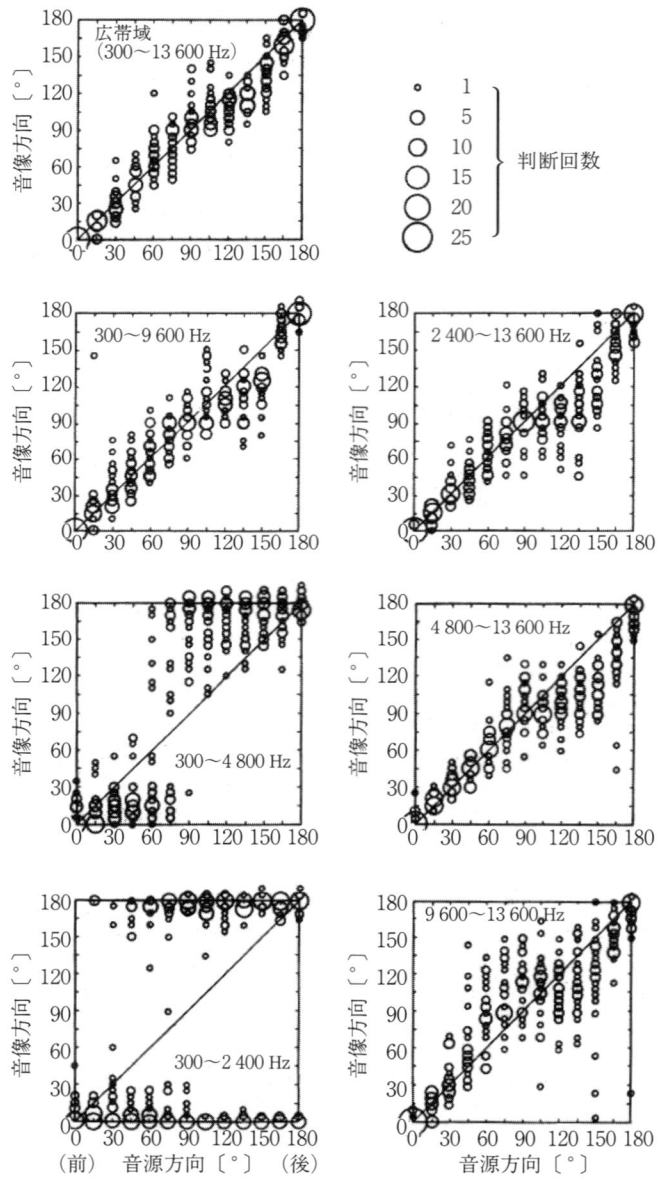

図 2.17 正中面定位の精度に及ぼす刺激の周波数範囲の影響[35]

2 400 Hz になると前後誤判定も生じている。一方，高域通過ノイズに対しては，遮断周波数が高くなるにつれて，知覚方向の分散が大きくなる傾向がある。これらの結果より，正中面全体にわたって精度のよい音像定位を実現するためには，音源信号に 5～10 kHz の周波数成分が含まれていなければならないことがわかる。

また，音源方向と頭部伝達関数のノッチとの関係についても多くの研究が進められてきた。正中面においては音源が下方から上方に変化すると**頭部伝達関数のノッチ周波数**が上昇することが報告されている[2),36)]。Hebrank and Wright[37)] は，スペクトラルキューは 4～16 kHz の範囲に存在し，前方知覚のキューは 4～8 kHz のノッチと 13 kHz 以上のピーク，上方知覚のキューは 7～9 kHz のピーク，後方は 10～12 kHz のピークとその周辺のノッチだと主張した。しかし，この主張を支持する実験結果は示されていない。

Iida et al.[4)] は，頭部伝達関数を複数のスペクトラルピークとノッチに分解し（**図 2.18**），その全部または一部で再構成した**パラメトリック HRTF** を用いた音像定位実験で，4 kHz 以上の周波数帯域で最も低い周波数のノッチ（N1）とその次のノッチ（N2），および 4 kHz 付近のピーク（P1）を再現すれば正中面内の音像定位ができることを示した。

さらに，正中面内で音源方向と N1，N2 周波数との関係を分析したところ，**図 2.19** に示すように N1，N2 周波数は音源の仰角が 0°（正面）から 120° 付

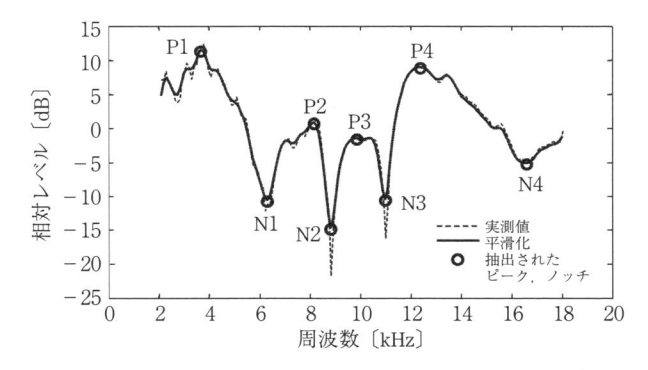

図 2.18 頭部伝達関数のスペクトラルピークとノッチ[4)]

20　2. 空間音響の基礎

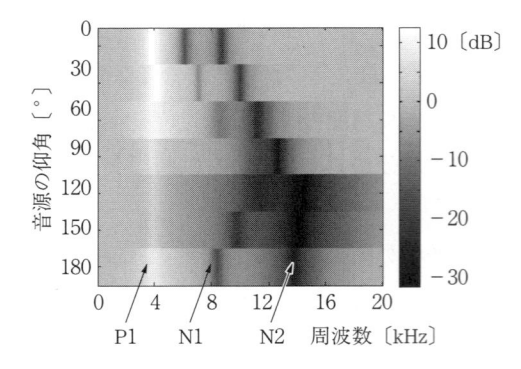

図 2.19 正中面における N1, N2, P1 周波数と入射仰角の関係

近まで増加するに従って高くなり，さらに180°（後方）になると低くなることがわかった。この振舞いは，2つのノッチが必要となる理由を説明することができる。もし，ノッチ周波数が音源の仰角に対して単調に変化するのであれば，耳入力信号から1つのノッチを抽出すれば仰角を決定できる。しかし，ノッチ周波数と仰角が1対1の関係になっていないため，仰角を決定するには少なくとも2つのノッチが必要になると考えられる。

　一方，音像定位実験で重要性が確認されたP1は音源方向に対する依存性が認められない（図2.19）。音源方向の情報をもたないP1がなぜ有効なのだろうか。これについては，P1は聴覚システムがN1, N2を探索するためのリファレンス情報として活用されていると解釈することができる。受聴者が聴いているのは頭部伝達関数ではなく耳入力信号である。耳入力信号は，図2.1に示したように，音源信号と空間インパルス応答と頭部インパルス応答を畳込んだ音響信号であり，さらに他の音源の成分が加わっている場合もある。受聴音圧レベルも時々刻々変化する。このような耳入力信号から，N1, N2によるスペクトラルノッチを抽出するにあたって，入射方向にかかわらずつねに一定のレベルを保持するP1は，聴覚システムにとって有益なリファレンス情報になっていると考えられる。

　このような実験結果や考察は，先に述べた従来の知見，すなわちスペクトラルキューは5 kHz以上の周波数帯域に存在するということと整合する。また，

Moore et al.[38] は，広帯域ホワイトノイズに 8 kHz のノッチを付加した刺激を用いて実験を行い，被験者がノッチの有無の違いを弁別できること，およびノッチの周波数の違いを検知できることを示した。これらは，N1，N2 が前後・上下方向知覚の手がかり，すなわちスペクトラルキューであるとする考えを支持している。

〔2〕 **スペクトラルピークおよびノッチの成因**　音源方向により頭部伝達関数に違いが生じるのは，頭部，耳介，胴体などの形状が前後・上下方向で非対称であるからだと考えられるが，では，これらのどの部分がどのようなメカニズムで，スペクトラルピークやノッチを形成しているのだろうか。この問題についても，多くの研究が行われてきた。

まず，耳介が方向知覚に及ぼす影響を検証した実験の結果をみてみよう。Gardner and Gardner[39] は，耳介の主要な 3 つの窪み，**scapha**, **fossa**, **concha**（図 2.20（a））を順次ゴムで埋めた状態（外耳道入口は開いている）で前方の正中面における音像定位実験を行った（さらに詳細な耳介部位の日本語表記はは図 3.6 参照）。その結果，図（b）に示すように，これらの窪みをふさぐと定位誤差が増大した。

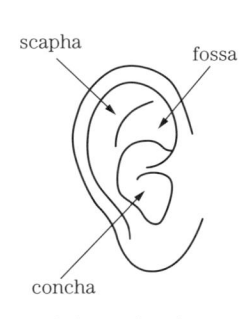

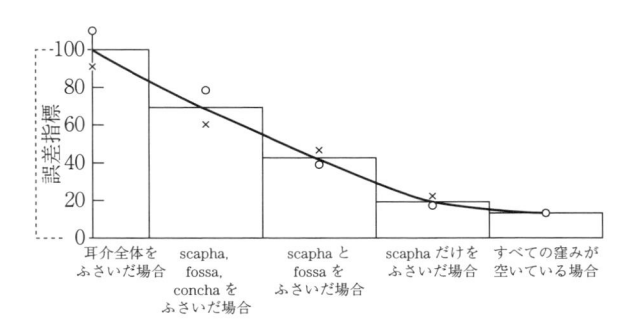

（a）　耳介の窪み　　　（b）　耳介の窪みを順次ふさいだ場合の正中面音像定位誤差

図 2.20　耳介が方向知覚に及ぼす影響[39]

同様に，これら 3 つの窪みを個別にふさいだ条件での音像定位実験により，外耳道入口周辺の concha をふさぐだけで定位誤差は顕著に増大し，3 つの窪

図の凡例:
● : 通常の頭部伝達関数
○ : scapha 埋
■ : scapha + fossa 埋
□ : scapha + fossa + concha 埋
＋ : concha 埋

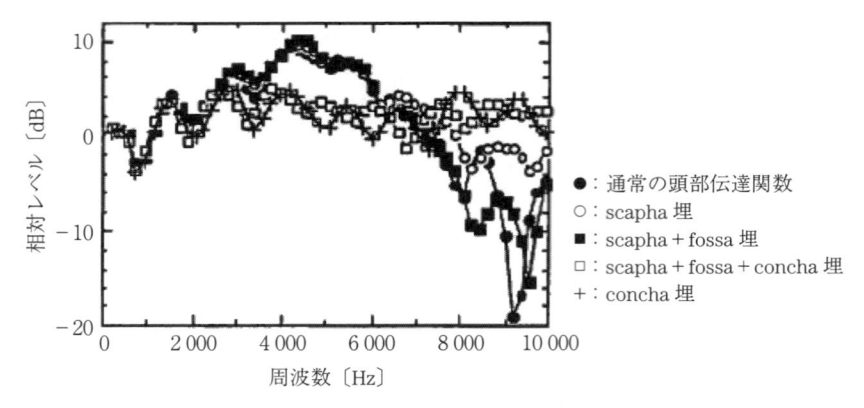

図 2.21 耳介の窪みをふさいだ場合の正面方向の頭部伝達関数[40]

みすべてをふさいだ場合と同程度になることが報告されている[40]。また，この場合の頭部伝達関数の変化を**図 2.21** に示す。concha をふさぐことにより 4 kHz 付近のピークや 8 kHz 以上のノッチが消滅していることがわかる。

以上の結果より，concha を中心とした耳介の窪みが頭部伝達関数のピーク，ノッチの形成に寄与していると考えられる。

では，concha を中心とした耳介の窪みにより，どのような物理現象が生じてピーク，ノッチが生じるのだろうか。頭部伝達関数の測定[41]や数値計算[42]による研究が進められているが，本質的な発生メカニズムは未解明であり，今後の研究の進展が期待される。

〔3〕 **スペクトラルキューの学習** このようなスペクトラルキューをヒトは学習によって獲得しているといわれている。Hofman *et al.* は[43]，被験者の耳介にモールドを詰め，これまで学習してきたスペクトラルキューを無効にしたところ，前後・上下知覚の精度が顕著に劣化することを確認した。さらに彼らは，モールドを詰めた耳介でスペクトラルキューを再学習して，精度の高い音像定位ができるようになるまでに 3～6 週間必要であったことを報告している。また，再学習が完了した後は，新しい耳介でも，以前の耳介に戻っても，いずれも精度よく音像定位できるという興味深い実験結果を示している。ただし，この種の実験では以下の点に注意する必要がある。すなわち，学習によって被

験者が音源方向に音像を知覚するようになったのか，あるいは，被験者は単に刺激の音色と音源方向の対応関係を学習して音源方向をいい当てることができるようになったのかを明確に区別できる実験としなくてはならない。

ところで，受聴者が聴いているのは，頭部伝達関数ではなく耳入力信号である。耳入力信号は，周波数領域で表せば，音源信号と空間伝達関数と頭部伝達関数の積である。したがって，耳入力信号のスペクトルは頭部伝達関数では一意に決まらない。ここで，ヒトは頭部伝達関数に含まれるスペクトラルキューだけではなく，音源信号のスペクトルも学習しているのだろうかという疑問が湧いてくる。例えば，被験者が聴いたことがある音源信号と聴いたことがない音源信号で，音像定位精度は異なるのだろうか。この比較をした実験の結果を**図 2.22**，**図 2.23** に示す[44]。図 2.22（a）は被験者が聴いたことのある音声，図（b）は聴いたことのない音声に対する正中面音像定位の結果である。一方，図 2.23（a）はヴァイオリンソロ（4秒間），図（b）は図（a）の平均スペクトルと同じスペクトルをもつ定常ノイズに対する正中面音像定位の結果である。これらの結果より，音源信号に対する**先験的**（*a priori*）**な知識**の有無は定位精度に影響を及ぼさないことがわかる。

(a) 聴いたことのある声　　　　(b) 聴いたことのない声

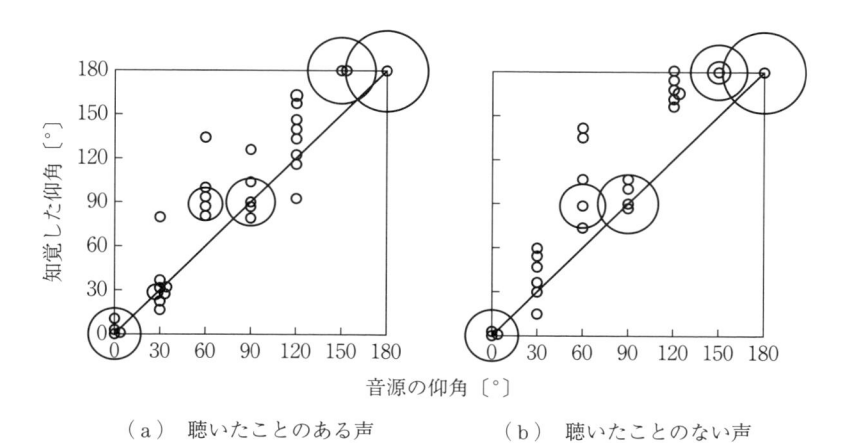

図 2.22 被験者が聴いたことのある声（a）と聴いたことのない声（b）に対する正中面音像定位[44]

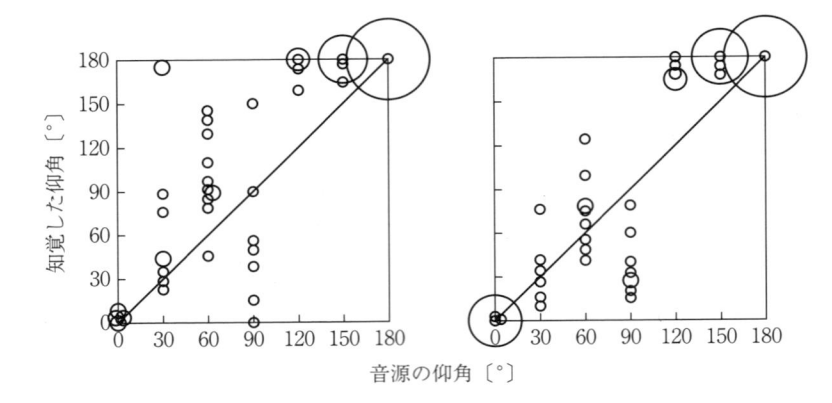

(a) 音楽（ヴァイオリン）　　（b) ノイズ（(a)と同じスペクトル）

図 2.23　ヴァイオリンソロ (a) とその平均スペクトルと同じスペクトルをもつ
定常ノイズ (b) に対する正中面音像定位[44]

〔4〕 **方向決定帯域**　　Blauert は，1/3 オクターブバンドノイズを正中面の前方，上方，後方からランダムに提示して音像定位実験を行い，どの方向から提示しても，特定の方向に知覚する帯域があることを報告し，この特定の帯域を**方向決定帯域**（directional band）と呼んだ[45]。**図 2.24** は，前方，上方，後方の 3 つの回答のうち，1 つの方向の回答数が他の 2 方向を合わせた回答数よりも有意水準 5 ％で多いとみなせる被験者の相対度数を示している。また，

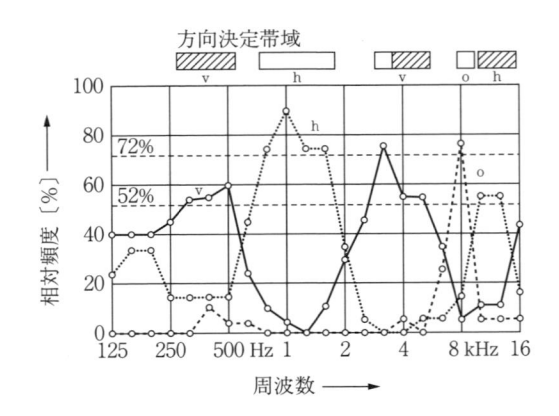

図 2.24　方向決定帯域（v：前方, h：後方, o：上方）[45]

図上の白抜き部は有意水準10％でその方向に判断した被験者が他よりも多いとみなせる方向決定帯域を示し，斜線部はほとんどそれに近い方向決定帯域を示している。これより，中心周波数が300〜500 Hz，および3.15〜5 kHzの1/3オクターブバンドは前方に，800 Hz〜1.6 kHz，および10〜12.5 kHzは後方に，8 kHzは上方に知覚することがわかる。

さらにBlauertは，これらの帯域を提示して知覚する方向の頭部伝達関数を観察し，その帯域のエネルギーが卓越していることを報告した。これらのことより，"頭部伝達関数のエネルギーの大きい帯域が知覚方向を決定している"という仮説を設定した。

しかし，方向決定帯域は，1/3オクターブバンドや1/6オクターブバンドのような狭帯域信号では生じるが[46]，広帯域信号では方向決定帯域に相当するスペクトルのエネルギーを卓越させても，その方向に音像を知覚することはない。例えば，広帯域ホワイトノイズを提示して，中心周波数が8 kHzの1/3オクターブ幅のスペクトルのエネルギーを増加させていくと，ある段階でその帯域だけが空間的に分離して上方に知覚し，他の帯域は提示方向に知覚するという現象が生じる。したがって，エネルギーの卓越帯域が広帯域信号で知覚する音像の方向を決定するとはいえない。また，〔1〕，〔2〕で述べた"スペクトラルノッチの周波数が前後・上下方向知覚の手がかりである"という知見は，この仮説を支持していない。このような実験結果を包括的に説明できる，さらに大きな理論体系の構築が待たれる。

〔5〕 **頭部運動の影響**　ここまで，頭部を静止した状態での方向知覚について議論してきた。しかし，音刺激の継続中に頭を動かすと，その動きによって，両耳の鼓膜上の信号が変化する。この頭の動きには，次の2つの場合が考えられる。1つは，無意識に反射的に音像の場所や音源のありそうな場所に頭を向ける場合で，もう1つは，意識的に頭の動きによって情報を得て，不明瞭な音源位置を判断する場合である。

Thurlow and Runge[47]は，目かくしをした被験者の上半身を固定し，無響室内10箇所に置かれたスピーカから狭帯域ノイズ（500 Hz〜1 kHzと7.5〜

10 kHz）を提示した。その結果，被験者は音源方向を判断するときに，**図 2.25** に示す"かしげ"，"うなずき"，"回転"の 3 種類の動きを示した。動きの幅の平均値が最も大きかったのは"回転"で，出現頻度の最も多かったのは"回転"と"うなずき"を組み合わせた動きであった。さらに，このような頭部運動が前後誤判定を減少させることを報告している。同様に，頭部の水平回転が，前後判定および正中面内の仰角の定位精度の向上に寄与することを示す実験結果も報告されている[48)〜50)]。

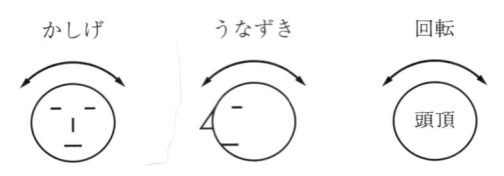

図 2.25　頭部の 3 種類の動き[47)]

2.2.3　方向知覚の弁別限

ヒトは，どの程度正確に方向を知覚できるのだろうか。水平面にある音源に対する方向知覚の弁別限に関する研究は数多くあるが，その結果は，音源方向

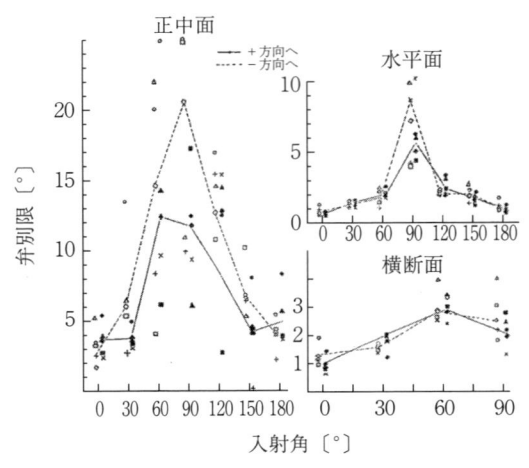

図 2.26　ホワイトノイズに対する水平面，正中面，横断面での方向知覚の弁別限[51)]

が正面の場合に最小となり,側方で大きく,後方で再び小さくなることで一致している。**図 2.26** にホワイトノイズに対する水平面,正中面,横断面での方向知覚の弁別限を示す[51]。正面方向の弁別限は 3°～5° であるが,側方では 5°～10° となっている。正中面では上方で最大となり 10°～20° である。また,1 kHz のトーンパルスに対する正面方向の弁別限は約 1° であるとの報告もある[52]。このように,方向知覚の弁別限は音源方向に強く依存している。

2.2.4 第1波面の法則

図 2.14 に示した2つのスピーカで,同一信号を同時に同レベルで放射すれば音像は正面に生じる。ここで,片方の信号に遅れ時間を加えると,音像は遅れ時間に応じて先に信号を放射しているスピーカのほうへ徐々に移動し,遅れ時間が約 1 ms になると,先に放射しているスピーカの方向に生じる。さらに遅れ時間が増加しても,音像は先に放射したスピーカ方向のままである。

このように,先行音と後続音が異なる方向からある時間間隔で入射した場合,受聴者は先行音の入射方向にのみ音像を知覚する。この現象に関する実験結果は 1950 年前後に Cremer[53],Wallach *et al.*[54],Haas[55] により相次いで報告され,**第1波面の法則**(the low of the first wave front),あるいは**先行音効果**(the precedence effect)と呼ばれている。この法則が成立する範囲内であれば,音像の方向を先行音方向に保ちながら後続音により受聴音圧を増強することが可能である。この原理の代表的な応用例として,デルタステレオフォニーシステム[56] が知られている。

第1波面の法則が成立する最小遅れ時間は合成音像との境界,すなわち約 1 ms である。一方,この法則が成立する最大遅れ時間については,様々な観点から研究が進められてきた。遅れ時間が増加すると,音像には方向をはじめ様々な属性の変化が生じる。また,その変化は遅れ時間だけでなく,2つの入射音の音圧レベル,入射方向などに依存する。本来,第1波面の法則の上限を決定する現象は**音像の空間的な分離**である。すなわち,音像が先行音の方向だけに知覚される状態から,先行音と後続音の双方に音像が分離して知覚される

ように変化する点が，この法則の成立上限である。しかし，歴史的には，成立上限として，エコー検知限，エコーディスターバンス，音像の空間的な分離，の3つについて研究が進められてきた。それぞれについて簡単にまとめてみよう。

〔1〕 **エコー検知限**　　従来，音像の分離に関する直接の研究はなく，**エコー検知限**（echo threshold）がこの法則の成立する上限であると考えられていた。エコー検知限については，これまでに Meyer and Schodder[57]，Lochner and Burger[58]，森本ら[59] が実験により求めている（**図2.27**[62]，○印）。しかし，ホールなどで実際にスピーチを聴いている場合の目的音は直接音であるのに対して，エコー検知限の実験においては，目的音は反射音であり，被験者の意識は反射音に集中している。このような実験では実際の聴取状態と比較すると過度に厳しく判定していると考えられる[59]。

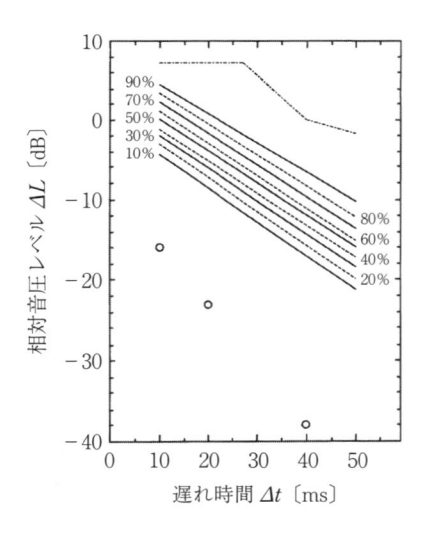

図2.27　直接音に対する単一反射音の遅れ時間，および相対音圧レベルと10％エコーディスターバンス（一点鎖線），エコー検知限（○），音像の空間的な分離（実線および破線）の関係[62]

〔2〕 **エコーディスターバンス**　　音像の分離と類似した現象の1つとして**エコーディスターバンス**（echo disturbance）がある。エコーディスターバンスに関しては，Bolt and Doak[60] が，先行音に対する後続音の遅れ時間および相対音圧レベルとパーセントディスターバンスの関係を表す，等パーセントディスターバンス曲線を提案している。それによると，直接音に対する後続音

の遅れ時間がおおよそ50 ms以内であれば，直接音と同等の音圧レベルの後続音が到来しても，ほとんど直接音の聴取の妨害とはならない（図2.27，一点鎖線）。また，Haas[55]は，遅れ時間が50 ms以内であれば後続音の音圧レベルが先行音に対して相当大きい場合でも，うるさい（annoying）とは知覚されないとしており，これは**ハース効果**（Haas effect）として知られている。

従来，室内音響設計において，第1反射音の遅れ時間の設計目標が50 ms以内とされたのは，このような結果を根拠としている。しかし，パーセントディスターバンスやハース効果は，後続音が先行音の聴取の妨害になる程度を示しているに過ぎず，音像が先行音方向にだけ知覚されることを保証するものではない。音像が分離していても先行音の聴取の妨害にはならないことも考えられる。

〔3〕 **音像の空間的な分離**　　Morimoto *et al*.[61]は，直接音と単一反射音で構成される音場を用いて，日本語のスピーチを音源とした場合の**音像の分離の割合**（パーセントスプリット）を，先行音に対する後続音の遅れ時間と相対音圧レベルを変化させて求めた。その結果，先行音に対する後続音の相対音圧レベルが一定であれば，遅れ時間が大きくなるに従って音像は分離しやすくなり，音像の分離の割合を一定にするためには，後続音の遅れ時間1 msの増加に対して，相対音圧レベルを約0.4 dB減少させる必要があることを示した（図2.27，実線および破線）。また，10%スプリットとなる場合の後続音の相対音圧レベルをエコー検知限と比較すると，前者は後者より10 dB以上大きく，両者の差は遅れ時間が増加するに従って大きくなる。したがって，後続音の相対音圧レベルが従来のエコー検知限を超えても，音像が分離して知覚されるわけではない。また，90%スプリットとなる場合の後続音の相対音圧レベルを従来報告されている10%ディスターバンスと比較すると，前者は後者より3 dB以上小さい。つまり，後続音の相対音圧レベルがエコーディスターバンスとはならない程度であっても，音像は分離する場合がある。

以上の結果より，第1波面の法則の適用限界に関する音像の分離は，エコー検知ともエコーディスターバンスとも異なる現象であり，第1波面の法則の適用限界はパーセントスプリットにより規定するのが妥当であるといえる。

2.3 距離知覚

音の距離知覚に関しては 1800 年代より多くの研究があるが，いまだ不明な点が多い。そもそも，ヒトは音源までの距離を正確に知覚できるのだろうか。また，知覚の手がかりは何だろうか。本節では，ヒトの距離知覚とその手がかりについて述べる。

2.3.1 音源距離と音像距離

Békésy[63]は，実際の会話音声を刺激として，正面方向 10 m までの**音源距離**と**音像距離**との関係を実験により求めた。その結果，約 1.5 m までは音源距離と音像距離は一致するが，それ以上では差は大きくなり，音源距離が増大しても音像距離はそれほど増大しないことを示した（**図 2.28**）。この結果は，音像は任意の広範囲の距離には生じず，音像距離を感じる聴空間には限界があることを示している。

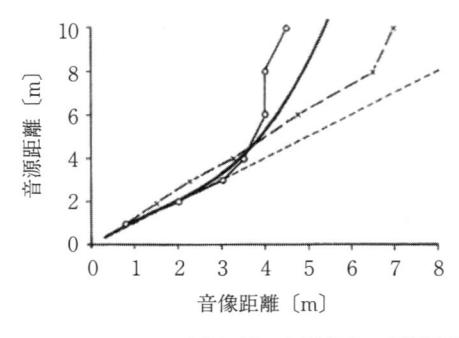

○および × は 2 人の被験者の回答。
実線は 5 人の被験者の回答の平均値。
被験者は目隠しをしている。

図 2.28 会話音声の音源距離と音像距離の関係[63]

では，なぜこのような現象が生じるのであろうか。方向知覚では，音源方向に依存してその特性が顕著に変化する頭部伝達関数が重要な手がかりとなっている。しかし，頭部伝達関数が距離に依存するのは，音源から約 1 m 以内の近距離音場だけであり，それ以上の距離ではほとんど変化しない[64]。図 2.1 に

示す音源から受聴者の鼓膜までの伝搬経路において，頭部インパルス応答（頭部伝達関数）に手がかりが含まれないとすれば，われわれは音源信号そのもの，もしくは空間インパルス応答（空間伝達関数）に手がかりを求めるしかない。このような事情が，距離知覚を困難にしているのである。

2.3.2 距離知覚に影響を及ぼす物理的要因

〔1〕 **音圧レベル**　音源の出力音圧を一定に保って，音源からの距離を変えると受音点での音圧レベルは変化し，その結果，**ラウドネス**も変化する。Gardner[65]は，被験者の正面3mから9mの間に等間隔に一列にスピーカを配置し，3mおよび9mの2個のスピーカから種々の音圧レベルでスピーチを放射する実験を行い，被験者に音像距離を回答させた。その結果，音像距離は，実際の音源の距離とは関係なく，受聴位置の音圧レベルに依存することが示された（**図2.29**）。同様の結果は，多くの研究により得られており，受聴音圧レベルが距離感に影響を与えていることは間違いない。

しかし，どのようなメカニズムで音圧レベルが音像距離に結び付くのであろ

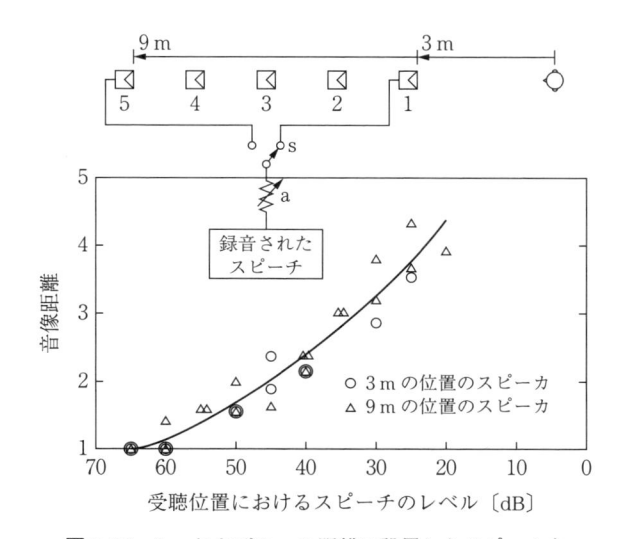

図2.29　3mおよび9mの距離に設置したスピーカを用いた受聴音圧レベルと音像距離の関係[65]

うか。音圧レベルが距離知覚の手がかりになるためには，受聴者が，対象とする音源の出力音圧レベル，もしくはある距離での受聴音圧レベルを知っている必要がある。これらの条件は常に満たされるとは限らないため，音圧レベルを手がかりとして，音源の距離を常に正確に知覚できるわけではない。

図 2.30 は異なった種類の生の音声，すなわち"ささやき声"，"叫び声"，"小さな声"，"会話"に対する無響室における音源距離と音像距離の関係を示している[65]。被験者は目隠しをしているので，音源距離に対する視覚的な情報はない。この図は，同じ音源距離でも，叫び声の音像距離は会話のそれより遠く，ささやき声のそれは近いことを示している。つまり，信号の意味が音像距離に影響を与えているといえる。これは，ヒトが音源の種類と受聴音圧レベルを学習して距離知覚に役立てていることを示唆している。

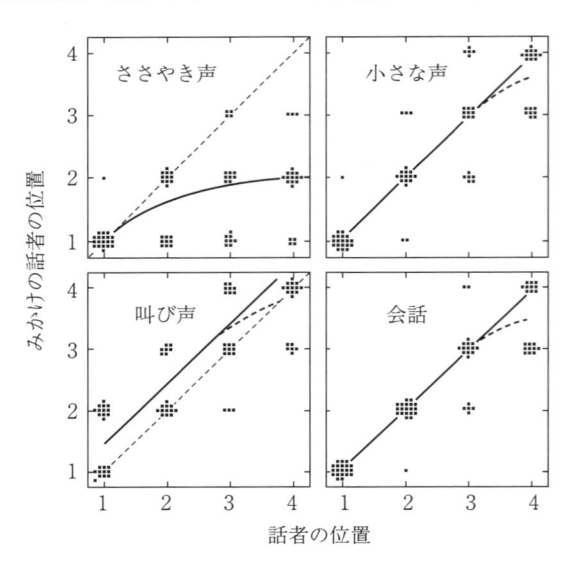

図 2.30 異なった種類の生の音声に対する無響室における音源距離と音像距離の関係[65]

〔2〕 両耳間差　次に，両耳受聴を前提とした手がかりとして**両耳間差**について考えてみる。Hartley and Fry[66] は，頭を剛球と仮定し，両耳間のレベル差と位相差を音源距離の関数として計算した。また，Firestone[67] はダミーヘッ

ドを使ってそれらを実測した。その結果，両耳間差は音源が遠ざかるに従って小さくなり，音源から1mでほぼ収束することがわかった。森本ら[64]もダミーヘッドを使って測定した頭部伝達関数から両耳間の振幅周波数特性の差を求め，正面方向ではほとんど変化しないが，側方では1mまでは変化することを示した。2.3.1項で述べたように，頭部伝達関数が距離に依存するのは音源から1m以内の**近距離音場**だけであり，このような場合を除いて，両耳間差は距離知覚の手がかりになるとは考えにくい。

〔3〕 **反射音**　ここまでは単一入射音（直接音）のみによる音像について考えてきたが，通常の室内音場では，図2.1に示すように，直接音に加えて多数の反射音が入射する。Gotoh *et al.*[68]は，反射音を付加した音場シミュレーションによる距離知覚の実験を行い，反射音の遅れ時間が大きいほど音像距離が大きくなることを示した（**図2.31**）。さらに，実際の室において音源と受音点の距離を変化させたときに生じる反射音群をシミュレートして被験者に提示すると，音圧レベルとは関係なく，音源と受音点の距離の順に音像距離が知覚されることを示した。これらの結果は，ヒトが空間インパルス応答で表される室の**反射音構造**を距離知覚の手がかりにしていることを示している。

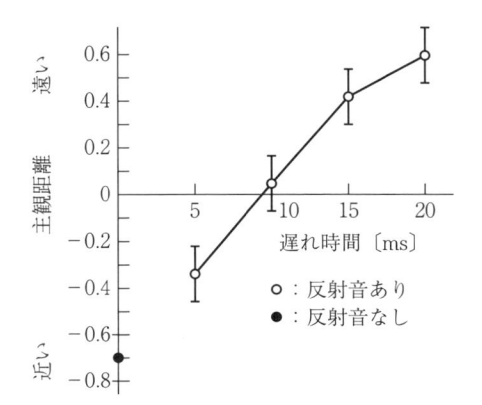

図2.31　単一反射音の遅れ時間と音像距離の関係[68]

〔4〕 **音色**　音源から1m程度の近距離音場では音源距離の変化によって音色の変化が生じる。Mach *et al.*[69]は，よく知っている音源については音色の変化によって距離の判定が行われると報告し，Thompson[70]は，音源距離が

小さいときには音色が音像距離に影響を与えると報告している。また，Békésy[71] は，音源距離が小さくなると耳入力信号レベルが上昇し，等ラウドネス曲線に従って音色が暗く変化することが，音像距離に影響を与えるとしている。

2.4 広がり知覚

コンサートホールのような，主に音楽を音源信号とする音場においては，音像の広がり感は重要な要素感覚の1つである。ただし，注意が必要なのは，広がり感は大きければ大きいほどよいというものではなく，音源信号に適した値があるということである。例えば，大規模なオーケストラによる管弦楽では，ステージの幅いっぱいに広がった音像が適切かもしれないが，ピアノやヴァイオリンのソロでは，この広がり感は過剰といえるだろう。音源信号の種類とそれに適した広がり感の関係については，まだ十分に研究が進んでいるとはいえないが，広がり知覚の手がかりについては，多くの研究がある。

本節では，このような観点から，広がり感を支配する物理的要因について説明し，さらにこれらのうち，音響設計に反映する自由度をもつ両耳間相関度について詳しく述べる。

2.4.1 広がり感の定義

まず，**広がり感**とは何か，その定義から説明を始めよう。音の空間的な広がりを表す語は研究者により様々であり，従来，海外では "apparent source width"，"Räumlichkeit"，"spaciousness"，"spatial impression"，"spatial responsiveness"，"subjective diffuseness" などが，日本では「広がり感」が使われてきた。

森本と前川[72] は，広がり感という語で表現できる聴覚事象は以下の3種類にまとめられ，これらのうち音像に関係があるのは 1) と 2) であり，3) は知覚した音像から類推した音場の大きさであって，音像の空間的な広がりと

2.4 広がり知覚

は別のものであると報告している。

1) みかけの音源の幅
2) 音に包まれた感じ
3) 音場を形成している室の大きさ

さらに，森本ら[73]は，**みかけの音源の幅**（**ASW**：auditory source width, apparent source width）と**音に包まれた感じ**（**LEV**：listener envelopment）の2つの性質の違いを理解していれば両者を区別して知覚できることを実験により示し，音像の空間的な広がりは「みかけの音源の幅」と「音に包まれた感じ」の2つの性質でとらえるのが妥当であると提案した。Bradley and Souloudreも同様の実験結果を報告しており[75]，このような考え方が定着している。

ここで，みかけの音源の幅とは，図 2.32 に示すように，「先行音（直接音）の到来方向に先行音と時間的にも空間的にも融合して知覚される音像の大きさ」と定義され，音に包まれた感じとは，「みかけの音源以外の音像によって聴き手のまわりが満たされている感じ」と定義されている[74]。

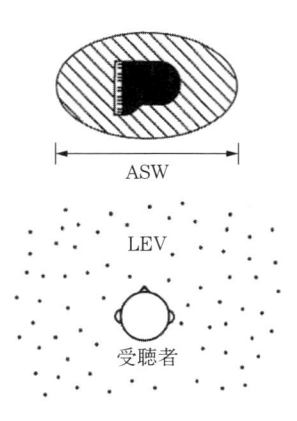

図 2.32 みかけの音源の幅（ASW）と音に包まれた感じ（LEV）の概念[73]

なお，文献に記された実験条件から判断すると，従来用いられていた"apparent source width"，"Räumlichkeit"，"spaciousness"，"spatial impression"，"spatial responsiveness" は，みかけの音源の幅と同じ聴覚事象を指していると考えられる。

2.4.2 みかけの音源の幅(ASW)に影響を及ぼす物理的要因

ASWに影響を及ぼす音場の物理的要因として,音圧レベル,周波数成分,両耳間相関度,初期側方エネルギー率などが報告されている。これらについて順に説明していこう。

〔1〕 **音圧レベル**　Keet[76]は,ヨーロッパの3つのホールにおいて,無響室録音の音楽をステージ上に設置した1つのスピーカから再生し,ステレオ録音した。これを無響室でステレオ再生し,被験者にASWを角度で評価させた。その結果,ASWは音圧レベルが大きくなるに従って $1.6°/dB$ で直線的に増加することを示した。Kuhl[77]はダミーヘッドを用いてオーケストラの演奏を録音し,それを無響室でスピーカ再生してRäumlichkeitについての実験を行った。その結果,音圧レベルが大きいほどRäumlichkeitは大きくなると報告した。

Morimoto and Iida[78]は,両耳入力信号の音圧レベルから求められる**両耳ラウドネス**(**BSPL**: binaural summation of sound pressure level)[79]を変化させて被験者に提示し,ASWを回答させた。その結果,ASWはBSPLの増加とともに単調に増加することを示した。

〔2〕 **周波数成分**　Barron and Marshall[80]は,音源信号に音楽を用いて周波数成分が spatial impression に及ぼす影響について実験を行った。無響室において,直接音に初期反射音と残響音を付加した音場を作成し,初期反射音の周波数成分を変化させた。その結果,高い周波数成分が欠けるより,低い周波数成分が欠けるほうが spatial impression の減少の度合いが大きいことを示した。

また,Morimoto and Maekawa[81]は,音源に帯域ノイズを用いて,その周波数範囲と両耳間相関度を変化させて spaciousness に関する一対比較実験を行った。その結果,周波数帯域が同じであれば,両耳間相関度が小さいほど spaciousness は大きくなるが,周波数帯域が異なれば,両耳間相関度が同じでも spaciousness は異なり,低域成分を多く含むほうが spaciousness は大きいことを示した。さらに,低周波成分の中でも特に $100〜200\,Hz$ の成分が重要で

〔3〕 両耳間相関度　　一般に，両耳間相互相関関数 $\Phi_{lr}(\tau)$ は式 (2.4) で定義される。

$$\Phi_{lr}(\tau) = \lim_{T \to \infty} \frac{\frac{1}{2T} \int_{-T}^{T} p_l(t) p_r(t-\tau) dt}{\frac{1}{2T} \sqrt{\int_{-T}^{T} p_l^2(t) dt \int_{-T}^{T} p_r^2(t) dt}} \tag{2.4}$$

ただし，$p_l(t)$：左耳に入力する信号の音圧振幅，$p_r(t)$：右耳に入力する信号の音圧振幅，τ：両耳間時間差，$|\tau| \leq 1\,\mathrm{ms}$ である。

両耳間相関度（**ICC**：interaural cross-correlation）は，両耳間相関関数の絶対値の最大値，すなわち式 (2.5) で定義される。

$$ICC = \left| \Phi_{lr}(\tau) \right|_{max} \tag{2.5}$$

Damaske[82] は，ダミーヘッドを用いて音源方向を種々変化させて両耳間相互相関関数を測定し，それが入射方向により変化することを示した。Keet[76] は，前述の音圧レベルに関する実験の他に，両耳間相関に関する分析を行った。ホールのインパルス応答をステレオマイクで録音し，2チャネル信号の積分区間が 50 ms の short-time cross-correlation coefficient, K を求めた結果，ASW は $(1-K)$ が大きくなるに従って単調に増加することを示した。Chernyak and Dubrovsky[83] は，ヘッドホンで両耳に広帯域ノイズを提示し，2つの耳入力信号が完全にコヒーレント（coherent）な場合は正中面に幅の小さい音像が生じ，コヒーレント度が減少するに従って音像の幅は広がり，完全にインコヒーレントになると2つの分離した音像が左右の耳の位置に生じることを報告している。

また，穴沢ら[84] は1/3オクターブバンドノイズの相互相関係数を変化させた2チャネル信号をヘッドホンで被験者に提示する実験を行った。その結果，広がり感と2チャネル信号の相互相関係数が負の相関関係にあることを示した。黒住と大串[85] はスピーカ再生で実験を行った。2つのスピーカからホワイトノイズを提示して求めた音像の広がり感は，2チャネル信号の相関係数の絶

対値に対応し，それが小さいほど広がり感は大きくなると報告している。

Morimoto and Iida[78]は，ASW が両耳間相関度と負の相関関係にあることを示した。また，反射音の到来方向が側方になるほど両耳間相関度が小さくなり，ASW が大きくなることを示した。さらに，入射音構造が空間的に異なる様々な音場を無響室に再現して，両耳間相関度で ASW を評価できるか否かについて実験を行い，反射音の到来方向にかかわらず，両耳間相関度が等しければ ASW が等しくなることを示した[86]。ただし，両耳間相関度が等しくても，直接音が正面以外の方向から到来する場合は正面から到来する場合に比べて ASW は小さくなり，直接音が正面から到来する場合と同じように評価することはできないことも併せて示した。

〔4〕 初期側方エネルギー率　　Barron and Marshall[80]は，実際にコンサートなどで使われる音楽を音源信号とした実験を行い，直接音到達後 80 ms までに到達する入射エネルギーにおける側方成分の割合が spatial impression と比例関係にあることを示した。

図 2.33 は，直接音と左右対称な方位角から到来する 2 本の反射音から構成される音場において，反射音の方位角と知覚される spatial impression の関係を示したものである。図の横軸は反射音の方位角，縦軸はある方位角から到来した反射音により知覚された spatial impression と同じ spatial impression を生

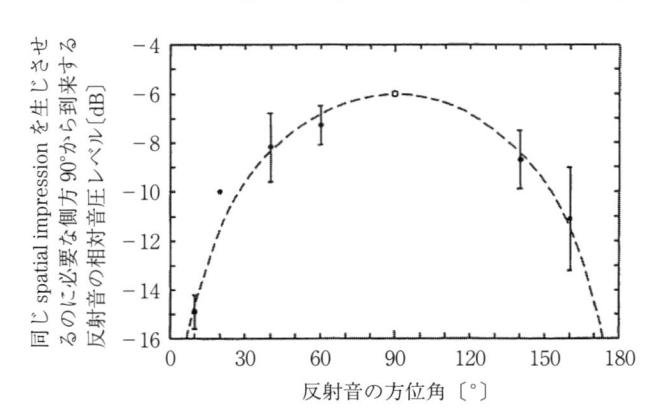

図 2.33　反射音の方位角と知覚される spatial impression の関係[80]

じさせるのに必要な側方 90° から到来する反射音の相対音圧レベルである。これより，spatial impression は反射音の到来方向が側方 90° の場合が最も大きく，正面 0° のときに最も小さくなることがわかる。

これらの結果から，彼らは，spatial impression の物理評価指標として，式 (2.6) で定義される**初期側方エネルギー率**（**LF**：early lateral energy fraction）を提案した。

$$LF = \frac{\int_{0.005}^{0.08} p^2(t)\cos\phi\, dt}{\int_{0}^{0.08} p^2(t)\, dt} \tag{2.6}$$

ここで，$p(t)$：受音点での音圧，t：直接音の到達時間を 0 とした時間，ϕ：受聴者の耳軸に対する入射方向で，側方が 0°，正面が 90° である。

2.4.3　両耳間相関度による ASW の評価

ここまで述べてきたように，ASW は耳入力信号の音圧レベル，周波数成分，両耳間相関度，初期側方エネルギー率に影響を受ける。しかし，これらのうち，コンサートホールなどの音響設計において自由度があるのは，両耳間相関度，初期側方エネルギー率だけである。音圧レベルと周波数成分については，音楽や音声の受聴に適した範囲は自ずと定まり，設計パラメータとすることは現実的には困難である。また，初期側方エネルギー率は $(1-ICC)$ と比例関係にある[87]。そこで，コンサートホールなどの音場の ASW を設計，制御，あるいは評価するために，ASW と両耳間相関度の関係をさらに詳しく検討する。

〔1〕 **ASW と対応のよい両耳間相関度**　　音場での両耳間相関度の測定においては，ダミーヘッド，もしくはリアルヘッド（実頭の外耳道入口に図 2.2 のようなマイクロホンを挿入する）で耳入力信号やインパルス応答を収録し，式 (2.4) および式 (2.5) を用いて ICC を求めるのが一般的である。ただし，この過程において，注意すべき点が 2 つある。

1 つは，信号収録の際に用いるフィルタ処理である。ISO 3382 ではダミー

ヘッドにおいて外耳道共振特性を模擬する**イヤーシミュレータ**（ear simulator）を用い，A特性補正は掛けないという処理を推奨している．しかし，Morimoto and Iida[78]は，音源信号としてコンサートでしばしば演奏される典型的なクラシック音楽（モーツァルトの交響曲第41番）の無響室録音を用いて実験を行い，ISO 3382で求めたICCはASWと対応しないが，イヤーシミュレータもA特性補正も使わずに算出したICCはASWによく対応することを示した．彼らは，このような処理で求めた両耳間相関度を他の両耳間相関度と区別して**DICC**（degree of interaural cross-correlation）と名付けた．

　もう1つの注意すべき点は，耳入力信号の帯域分割である．上に述べたように，音源として典型的な音楽モチーフを用いた場合は，耳入力信号を1つの広帯域信号として求めたDICCがASWを評価する方法として有効である．しかし，ピンクノイズのような高周波帯域のスペクトルを十分に含む広帯域信号ではASWとは対応しない[88]．任意のスペクトル構成の音源信号のASWに対応する評価指標として，耳入力信号を1/3オクターブバンドに分割してDICCを算出する方法[88]や，0.5，1，2，4 kHzの4つのオクターブバンドで求めたICCの平均値（**IACC**$_E$）[89]などが提案されているが，その有効性についてはさらに検討が必要である．

　〔2〕　**ASWの予測式**　　音圧レベルや両耳間相関度などの物理特性からASWを**広がり角**として予測することができれば，音場のASWを設計，制御，あるいは評価するうえで非常に有益である．Morimoto and Iida[78]は，音源信号として上記モーツァルトの交響曲第41番の無響室録音を用い，0.4から0.9までの6種類のDICCと50 dBAから80 dBAまでの4種類のBSPLによる刺激を用いてASWを回答させた．その結果を**図2.34**に示す．ASWはDICCと負の相関があり，BSPLと正の相関があることがわかる．

　また，DICCとBSPLを独立変数，ASWを従属変数として重回帰分析を行った．求められた**広がり角の重回帰式**を以下に示す．

$$ASW = -39.6X + 1.55Y - 31.9 \,[°] \tag{2.7}$$

ここで，X：DICC，Y：BSPL〔dBA〕である．

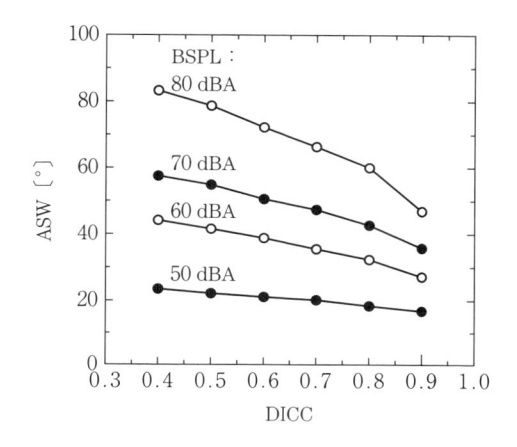

図 2.34　DICC の関数として表した ASW の絶対値（パラメータは BSPL[78]）

これより，DICC が 0.1 減少すると ASW は約 $4°$ 増加し，BSPL が 1 dB 増加すると ASW は約 $1.6°$ 増加することがわかる．

〔3〕 **ASW に関する両耳間相関度の弁別限**　ところで，両耳間相関度で ASW を評価するためには，両耳間相関度の弁別限，すなわち両耳間相関度がどの程度変化すると ASW の違いが知覚できるのかを明らかにする必要がある．Pollack and Trittipoe[90] は，広帯域ノイズを用いて両耳間相関度の弁別限を求める実験を行い，弁別限は基準の両耳間相関度が 0.0 の場合は約 0.4 で，1.0 の場合は約 0.04 であると報告している．また，Gabriel and Colburn[91] は中心周波数が 500 Hz の帯域ノイズを用いて，帯域幅が両耳間相関度の弁別限に及ぼす影響について実験を行った．その結果，基準の両耳間相関度が 1.0 の場合は，帯域幅が 115 Hz 以下では弁別限は約 0.004 で一定であり，帯域幅を広げると弁別限は約 0.04 まで単調に増加すると述べている．

Morimoto and Iida[78] は，モーツァルトの交響曲第 41 番の無響室録音を用いて ASW に関する両耳間相関度の弁別限を求めた．その結果，弁別限は，両耳間相関度が 0.50 の基準音場に対して ASW がより狭いと知覚する場合で 0.12，より広がっていると知覚する場合で 0.10 であり，0.70 の基準音場に対しては，それぞれ 0.06 と 0.09，0.90 の基準音場に対しては，どちらも 0.03 であることを示した．さらに，ここで求めた弁別限に対しては **Weber の法則**

が成立し，弁別限 $\Delta DICC$ は式 (2.8) で表されることを示した。

$$\Delta DICC = K \times (1 - DICC) \tag{2.8}$$

ここで，$DICC$：基準音場の両耳間相関度，K：Weber 比である。この場合のWeber 比は 0.20〜0.30 である。

2.4.4　音に包まれた感じ（**LEV**）に影響を及ぼす物理的要因

先に述べたように，音に包まれた感じ（**LEV**）とは，「みかけの音源以外の音像によって聴き手のまわりが満たされている感じ」である。LEV に影響を及ぼす物理的要因については十分に研究されているとはいえず，その全体像は明らかになっていない。ここでは，従来の研究で報告されているいくつかの物理的要因について述べる。

〔1〕**前後エネルギー比**　Morimoto et al.[74] は，式 (2.9) に示す**前後エネルギー比**（**FBR**：front/back energy ratio）が LEV に影響を及ぼすと報告している。

$$FBR = 10 \log \frac{E_f}{E_b} \ [\text{dB}] \tag{2.9}$$

ここで，E_f，E_b：それぞれ前方および後方から到達する反射音のエネルギーで

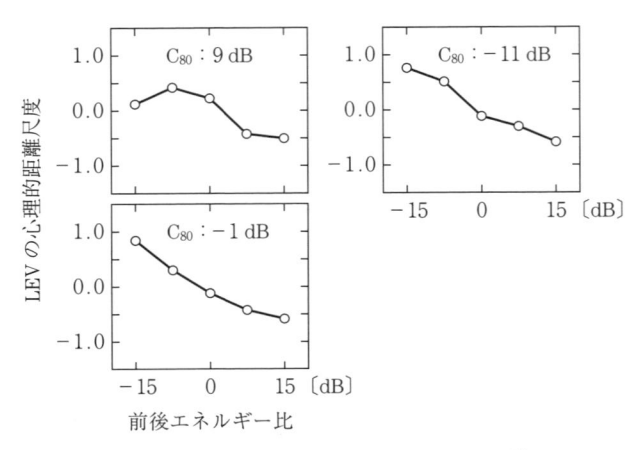

図 2.35　前後エネルギー比と LEV の関係[74]

ある。無響室内で FBR を変化させた音場で知覚される LEV を**図 2.35** に示す。図の横軸は FBR，縦軸は LEV の心理的距離尺度であり，この場合 0.68 の差があれば LEV の違いを弁別できるとみなせる。パラメータは Reichart の C_{80} である[92]。この図は FBR が減少すれば LEV が増加することを示している。しかし，弁別閾を超える LEV の変化を生じさせるには FBR を約 15 dB 変化させる必要があり，この物理量単独で LEV を制御することは実用的ではない。

〔2〕 **第 1 波面の法則の上限を超える反射音エネルギー**　　Morimoto et al.[93] は，LEV を生じさせる反射音構造の時間的側面にも着目し，"反射音のエネルギー成分のうち，第 1 波面の法則が成立する上限を超える成分が LEV に貢献し，上限を超えない成分が ASW に貢献する"という仮説（**図 2.36**）を立て，音響心理実験でこれを支持する結果を得た。

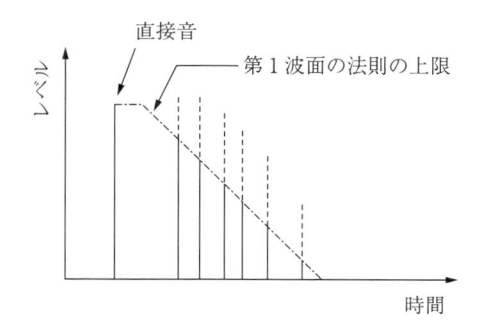

図 2.36　ASW および LEV の形成に貢献する反射音エネルギーの成分に関する仮説の概念図[93]

この結果から，次のような非常に興味深い解釈が可能になる。すなわち，LEV を生じさせるには，音源方向（第 1 波面の方向）に知覚する音像とは別の音像を空間的に分離して知覚することが必要であるというものである。この解釈に基づいた LEV 発生メカニズムの仮説を**図 2.37** に示す。図（a）は ASW のみを知覚し，LEV は知覚していない状態である。図（b）は壁面の音響条件の変更などによって，後方から第 1 波面の法則の成立上限を超える反射音が到達し，それらの音像を分離して知覚するようになった状態である。さらに，後方からの反射音が強くなると，受聴者が満たされる音像（LEV）が知覚される

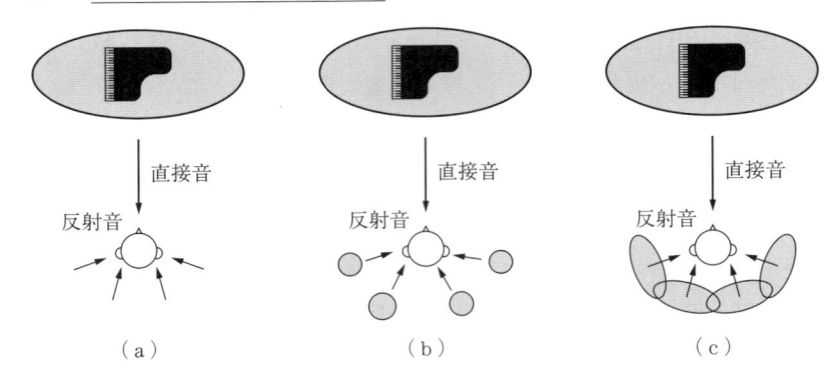

図 2.37 LEV 発生メカニズムの概念図。(a):音源方向にのみ音像が知覚され LEV は知覚されない,(b):後方からの反射音により音源方向とは空間的に分離した音像が知覚される,(c):さらに後方からの反射音エネルギーが強くなると大きな LEV が知覚される。

(図(c))。

　この仮説が妥当であれば,LEV と ASW を独立して制御することが可能となる。すなわち,ASW は第1波面の法則の成立限界内の反射音エネルギーが有効であるので,音場の初期反射音のレベルを制御すればよく,LEV は第1波面の法則の成立限界を超えた後期反射音のレベルで制御できると考えられる。

〔3〕**反射音の到来方向**　　反射音の到来方向と LEV の関係についても研究が進められている。Furuya et al.[94] は,側方や後方からの反射音のみならず,上方からの反射音が LEV の知覚に有効であると報告している。また,羽入らは,ある反射音の LEV への寄与は他の反射音の到来方向に影響を受け,反射音の到来方向が空間的に広い範囲に分布している場合に大きな LEV が知覚されるとしている[95]。さらに,Bradley and Soulodre[96] は,残響時間,C_{80},後期反射音の到来方向の分布,および受聴音圧レベルを制御して音響心理実験を行った。その結果,これらのすべてが LEV に影響を及ぼすが,コンサートホールでは,特に後期反射音の到来方向の分布と受聴音圧レベルが強い影響を及ぼすと報告している。

引用・参考文献

1) H. Møller : Fundamentals of Binaural Technology, Applied Acoustics, **36**, pp.171-218 (1992)
2) E. A. G. Shaw and R. Teranishi : Sound pressure generated in an external-ear replica and real human ears by a nearby point source, J. Acoust. Soc. Am., **44**, pp.240-249 (1968)
3) D. Hammershøi and H. Møller : Sound transmission to and within the human ear canal, J. Acoust. Soc. Am., **100**, pp.408-427 (1996)
4) K. Iida, M. Itoh, A. Itagaki and M. Morimoto : Median plane localization using a parametric model of the head-related transfer function based on spectral cues, Applied Acoustics, **68**, pp.835-850 (2007)
5) B. F. G. Katz : Boundary element method calculation of individual head-related transfer function. I. Rigid model calculation, J. Acoust. Soc. Am., **110**, pp.2440-2448 (2001)
6) M. Otani and S. Ise : A fast calculation method of the head-related transfer functions for multiple source points based on the boundary element method, Acoust. Sci. & Tech., **24**, pp.259-266 (2003)
7) K. Terai and I. Kakuhari : HRTF calculation with less influence from 3-D modeling error : Making a physical human head model from geometric 3-D data, Acoust. Sci. & Tech., **24**, pp.333-334 (2003)
8) P. Mokhtari, H. Takemoto, R. Nishimura and H. Kato : Comparison of simulated and measured HRTFs : FDTD simulation using MRI head data, 123th AES convention paper 7240 (2007)
9) M. Morimoto and Y. Ando : On the simulation of sound localization, J. Acoust. Soc. Jpn (E), **1**, pp.167-174 (1980)
10) M. R. Schroeder and B. S. Atal : Computer simulation of sound transmission in room, IEEE Intern. Conv. Rec. **11**, pp.150-155 (1963)
11) P. Damaske : Head-related two-channel stereophony with loudspeaker reproduction, J. Acoust. Soc. Am., **50**, pp.1109-1115 (1971)
12) O. Kirkeby, P. A. Nelson and H. Hamada : The stereo dipole : A virtual source imaging system using two closely spaced loudspeakers, J. Audio Eng. Soc., **45**, pp.387-395 (1998)
13) The CIPIC HRTF Database : http://interface.cipic.ucdavis.edu/CIL_html/CIL_HRTF_database.htm

14) MIT HRTF Measurements of a KEMAR Dummy-Head Microphone：
http://sound.media.mit.edu/resources/KEMAR.html
15) 名古屋大学　頭部伝達関数データベース：
http://www.sp.m.is.nagoya-u.ac.jp/HRTF/index-j.html
16) 東北大学　頭部伝達関数データベース：
http://www.ais.riec.tohoku.ac.jp/lab/db-hrtf/index-j.html
17) 千葉工業大学　頭部伝達関数データベース：
http://www.iida-lab.it-chiba.ac.jp/HRTF/index-j.html
18) J. C. Middlebrooks：Individual differences in external-ear transfer functions reduced by scaling in frequency, J. Acoust. Soc. Am., **106**, pp.1480-1492（1999）
19) J. C. Middlebrooks：Virtual localization improved by scaling nonindividualized external-ear transfer functions in frequency, J. Acoust. Soc. Am., **106**, pp.1493-1510（1999）
20) J. C. Middlebrooks, E. A. Macpherson and Z. A. Onsan：Psychological customization of directional transfer functions for virtual sound localization, J. Acoust. Soc. Am., **108**, pp.3088-3091（2000）
21) 飯田一博，中村一啓：正中面の頭部伝達関数の非個人化に関する一考察，日本音響学会講演論文集，pp.297-298（2000.9）
22) Y. Iwaya：Individualization of head-related transfer functions with tournament-style listening test：Listening with other's ears, Acoust. Sci. & Tech., **27**, pp.340-343（2006）
23) 石井要次，和田万正，蒲生直和，飯田一博：個人に適合した頭部伝達関数の探索方法に関する一考察，日本音響学会講演論文集，pp.521-522（2009）
24) 飯田一博，森本政之：頭部伝達関数の個人化に向けて―聴覚の方向知覚の手掛かりに基づいたアプローチ―，日本音響学会講演論文集，pp.1473-1476（2009）
25) 平原達也，大谷真，戸嶋巌樹：頭部伝達関数の計測とバイノーラル再生にかかわる諸問題，Fundamentals Review, **2**, pp.68-85（2009）
26) Lord Rayleigh：Acoustical observations, Phil. Mag. 3, 6th series, pp.456-464（1877）
27) Lord Rayleigh：On our perception of sound direction, Phil. Mag. **13**, 6th series, pp.214-232（1907）
28) F. E. Toole and B. McA. Sayers：Lateralization judgements and the nature of binaural acoustic images, J. Acoust. Soc. Am., **37**, pp.319-324（1965）
29) J. Blauert：Spatial Hearing - The Psychophysics of Human Sound Localization -, Revised Edition, p.144, The MIT Press（1997）
30) B. McA. Sayers：Acoustic-image lateralization judgement with binaural tones, J. Acoust. Soc. Am., **36**, pp.923-926（1964）
31) J. Blauert：Spatial Hearing - The Psychophysics of Human Sound Localization -, Revised Edition, p.158, The MIT Press（1997）

32) G. Theile and G. Plenge : Localization of lateral phantom sources, J. Audio Eng. Soc., **25**, pp.196-200（1977）
33) E. M. von Hornbostel and M. Wertheimer : Über die Wahrnehmung der Shallrichtung（on the perception of the direction of sound）, Sitzungsber, Akad. Wiss., Berlin, pp.388-396（1920）
34) J. Blauert : Spatial Hearing - The Psychophysics of Human Sound Localization -, Revised Edition, p.179, The MIT Press（1997）
35) 森本政之，斉藤明博：音の正中面定位について：刺激の周波数範囲と強さの影響について，日本音響学会聴覚研究会資料 H-40-1（1977）
36) A. Butler and K. Belendiuk : Spectral cues utilizes in the localization of sound in the median sagittal plane, J. Acoust. Soc. Am., **61**, pp.1264-1269（1977）
37) J. Hebrank and D. Wright : Spectral cues used in the localization of sound sources on the median plane, J. Acoust. Soc. Am., **56**, pp.1829-1834（1974）
38) B. C. J. Moore, R. Oldfield and G. J. Dooley : Detection and discrimination of peaks and notches at 1 and 8 kHz, J. Acoust. Soc. Am., **85**, pp.820-836（1989）
39) M. B. Gardner and R. S. Gardner : Problem of localization in the median plane : effect of pinnae cavity occlusion, J. Acoust. Soc. Am., **53**, pp.400-408（1973）
40) K. Iida, M. Yairi and M. Morimoto : Role of pinna cavities in median plane localization, Proc. of 16th International Congress on Acoustics, pp.845-846（1998）
41) V. C. Raykar, R. Duraiswami and B. Yegnanarayana : Extracting the frequencies of the pinna spectral notches in measured head-related impulse responses, J. Acoust. Soc. Am., **118**, pp.364-374（2005）
42) 竹本浩典，モクタリ パーハム，加藤宏明，西村竜一，飯田一博：耳介形状が頭部伝達関数に及ぼす影響に関する基礎的検討，日本音響学会講演論文集, pp.1445-1448（2009.3）
43) P. M. Hofman, J. G. A. Van Riswick, and A. J. Van Opstal : Relearning sound localization with new ears, nature neuroscience, **1**, pp.417-421（1998）
44) 飯田一博，林英吾，森本政之：正中面定位における音源信号スペクトルの *a priori* な知識について，日本音響学会講演論文集，pp.597-598（1999.9-10）
45) J. Blauert : Sound localization in the median plane, ACUSTICA, 22, pp.206-213（1969/70）
46) M. Itoh, K. Iida and M. Morimoto : Individual differences in directional bands, Applied Acoustics, **68**, pp.909-915（2007）
47) W. R. Thurlow and P. S. Runge : Effect of induced head movements on localization of direction of sounds, J. Acoust. Soc. Am., **42**, pp.480-487（1967）
48) S. Perrett and W. Noble : The effect of head rotations on vertical plane sound localization, J. Acoust. Soc. Am., **104**, pp.2325-2332（1997）

49) M. Kato, H. Uematsu, M. Kashino and T. Hirahara：The effect of head motion on the accuracy of sound localization, Acoust. Sci. & Tech., **24**, pp.315-317（2003）
50) Y. Iwaya, Y. Suzuki and D. Kimura：Effects of head movement on front-back error in sound localization, Acoust. Sci. & Tech., **24**, pp.322-324（2003）
51) 黒沢　明，都木　徹，山口善司：頭部伝達関数と方向弁別能力について，音響会誌，**38**，pp.253-260（1982）
52) A. W. Mills：On the Minimum Audible Angle, J. Acoust. Soc. Am., **30**, pp.237-246（1958）
53) L. Cremer：Die wissenschaftlichen Grundlagen der Raumakustik, **1**, p.126, S. Hirzel（1948）
54) H. Wallach, E. B. Newman and M. R. Rosenzweig：The precedence effect in sound localization, Am. J. Psychol., **52**, pp.315-336（1949）
55) H. Haas：Über den Einfluss eines Einfachechos auf die Hörsamkeit von Sprache, ACUSTICA, **1**, pp.49-58（1951）
56) G. Steinke：Delta stereophony - a sound system with true direction and distance perception for large multipurpose halls, J. Audio Eng. Soc., **31**, pp.500-511（1983）
57) E. Meyer and G. R. Schodder：Über den Einfluss von Schallrückwürfen auf Richtungs-lokalisation und Lautstärke bei Sprache, Nachr. Akad. Wiss. Göttingen **6**, 31（1952）
58) J. P. A. Lochner and J. F. Burger：The subjective masking of short time delayed echoes, their primary sounds, and their contribution to the intelligibility of speech, ACUSTICA, **8**, pp.1-10（1958）
59) 森本政之，春藤元宏，前川純一：反射音の到来方向がエコーディスターバンスにおよぼす影響，日本建築学会建築環境工学論文集，**4**，pp.64-69（1983）
60) R. H. Bolt and P. E. Doak：A tentative criterion for the short-term transient response of auditoriums, J. Acoust. Soc. Am., 22, pp.507-509（1950）
61) M. Morimoto, K. Iida and Z. Maekawa：A chart of %-split of sound image, J. Acoust. Soc. Jpn.（E），**11**, pp.157-160（1990）
62) 飯田一博：音像の空間的性質の評価に関する研究，博士学位論文，神戸大学（1993）
63) G. von Békésy：The moon illusion and similar auditory phenomena, Am. J. Psychol., **62**, pp.540-552（1949）
64) 森本政之，定連直樹，安藤四一，前川純一：頭部音響伝達関数について，日本音響学会聴覚研究会資料 H-31-1（1976）
65) M. B. Gardner：Distance estimation of 0°or apparent 0°- oriented speech signals in anechoic space, J. Acoust. Soc. Am., **45**, pp.47-53（1969）
66) R. V. L. Hartley and T. C. Fry：The binaural location of pure tones, Phys. Rev. 18, pp.431-442（1921）

67) F. A. Firestone : The phase difference and amplitude ratio at the ears due to a source of pure tone, J. Acoust. Soc. Am., **45**, pp.47-53 (1969)
68) T. Gotoh, Y. Kimura, A. Kurahashi and A. Yamada : A consideration of distance perception in binaural hearing, J. Acoust. Soc. Jpn. (E), **33**, pp.667-671 (1977)
69) R. Mach : Bemerkungen über den Raumsinn des Ohres (Remarks on the spatial sense of the ear), Poggendorfs Ann. 128, 5th series, **6**, pp.331-333 (1865)
70) S. P. Thompson : On the function of the two ears in the perception of space, Phil. Mag., 5th series, **13**, pp.406-416 (1882)
71) G. Békésy : Über die Entstehung der Entfbmung Sempfindung beim Hören (On the origin of the sensation of distance in hearing), Akust. Z., **3**, pp.21-31 (1938)
72) 森本政之, 前川純一 : 音像の拡がり感について, 日本音響学会聴覚研究会資料, H-87-31 (1987)
73) 森本政之, 藤森久嘉, 前川純一 : みかけの音源の幅と音に包まれた感じの差異, 音響会誌, **46**, pp.449-457 (1990)
74) M. Morimoto, K. Iida and K. Sakagami : The role of reflections from behind the listener in spatial impression, Applied Acoustics, **62**, pp.109-124 (2001)
75) J. S. Bradley and G. A. Soulodre : The influence of late arriving energy on spatial impression, J. Acoust. Soc. Am., **97**, pp.2263-2271 (1995)
76) W. de V. Keet : The influence of early lateral reflections on the spatial impression, Proc. 6th International Congress on Acoustics, Tokyo, E-2-4 (1968)
77) W. Kuhl : Räumlichkeit als eine Komponente des Höreindruckes (Spatiousness as a component of the auditory impression), ACUSTICA, **40**, pp.167-181 (1978)
78) M. Morimoto and K. Iida : A practical evaluation method of auditory source width in concert halls, J. Acoust. Soc. Jpn. (E), **16**, pp.59-69 (1995)
79) D. W. Robinson and L. S. Whittle : The loudness of directional sound fields, ACUSTICA, **10**, pp.74-80 (1960)
80) M. Barron and A. H. Marshall : Spatial impression due to early lateral reflections in concert halls : the derivation of a physical measure, J. Sound and Vib., **77**, pp.211-232 (1981)
81) M. Morimoto and Z. Maekawa : Effects of low frequency components on auditory spaciousness, ACUSTICA, **66**, pp.190-196 (1988)
82) P. Damaske : Richtungsabhängigkeit von Spektrum und Korrelationsfunktionen der an den Ohren empfangenen Signale (Direction dependence of the spectrum and the correlation function of the signals received at the ears), ACUSTICA, **22**, pp.191-204 (1969/70)
83) R. I. Chernyak and N. A. Dubrovsky : Pattern of the noise images and the binaural summation of loudness for the different interaural correlation of noise, Proc. 6th International Congress on Acoustics, Tokyo, A-3-12 (1968)

84) 穴沢健明, 柳川博文, 伊藤 毅：両耳間相関係数と「拡がり感」について, 電子通信学会電気音響研究会資料, EA70-15（1970）
85) 黒住幸一, 大串健吾：2チャンネル音響信号の相関係数と音像の質, 音響会誌, **39**, pp.253-260（1983）
86) M. Morimoto, K. Iida and Y. Furue：Relation between auditory source width in various sound fields and degree of interaural crosscorrelation, Applied Acoustics, **38**, pp.291-301（1993）
87) M. Barron：The subjective effects of first reflections in concert halls – the need for lateral reflections, J. Sound and Vib., **15**, pp.475-494（1971）
88) M. Morimoto and K. Iida：Appropriate frequency bandwidth in measuring interaural cross-correlation as a physical measure of auditory source width, Acoust. Sci. & Tech., **26**, pp.179-184（2005）
89) T. Okano, L. L. Beranek and T. Hidaka：Relations among interaural cross-correlation coefficient （$IACC_E$）, lateral fraction （LF_E）, and apparent source width （ASW） in concert halls, J. Acoust. Soc. Am., **104**, pp.255-265（1998）
90) I. Pollack and W. Trittipoe：Binaural listening and interaural noise cross correlation, J. Acoust. Soc. Am., **31**, pp.1250-1252（1959）
91) J. Gabriel and H. S. Colburn：Interaural correlation discrimination：I. bandwidth and level dependence, J. Acoust. Soc. Am., **69**, pp.1394-1401（1981）
92) 前川純一, 森本政之, 阪上公博：建築・環境音響学 第2版, p.64, 共立出版（2000）
93) M. Morimoto, K. Nakagawa and K. Iida：The relation between spatial impression and the law of the first wavefront, Applied Acoustics, **69**, pp.132-140（2008）
94) H. Furuya, K. Fujimoto, C. Y. Ji and N. Higa：Arrival direction of late sound and listener envelopment, Applied Acoustics, **62**, pp.125-136（2001）
95) 羽入敏樹, 木村 翔, 千葉 俊：反射音の空間バランスに着目した音に包まれた感じの定量化方法, 日本建築学会計画系論文集, **520**, pp.9-16（1990）
96) S. Bradley and G. A. Soulodre：Objective measures of listener envelopment, J. Acoust. Soc. Am., **98**, pp.2590-2597（1995）

第3章 空間音響の収録

空間音響の収録がうまくできたといえるのは，どんな場合だろうか。

聴き手がその空間にいるか，いないかを問わず，その空間内で物理的な音を収録したとしよう。そして，収録方式に応じた再生方式で再生し，聴き手に収録した音を聴いてもらう。再生されて届く音波から「その音響空間を感じとれる音」を聴き手が聴きとってくれた場合には，うまく空間音響の収録ができたといえるのではないだろうか。

本章では，そのような空間音響収録に向かうために，人の耳へ至る音伝搬と音収録にかかわる音響理論に基づいた基礎から始めたい。その後，空間音響の収録分野を，ダミーヘッド収録，実頭収録，マルチマイクロホン収録の順に述べることにする。

3.1 空間音響収録の基礎

空間内で音源から出た音が，聴き手の「頭という障害物（もちろん頭は胴体とともにある）」に付いた左右の耳へと伝搬してくる。空間といっても様々なものが目に浮かぶ。空間に起因する反射音の有無から，空間に起因する反射音が生じない自由空間と，空間に起因する反射音が存在する空間とに分けて考えてみよう。そのうえで，耳に届く音はどんな物理的特徴をもっているのかを把握して，空間音響の収録について考える。

3.1.1 自由空間で両耳に届く音の特性

空間に起因する反射音が生じない自由空間に，聴き手がいるとしよう。耳に届く音の物理的特徴を調べるに当たって，「左右の耳は，音が伝搬する際の障

害物である頭に付いている」ことだけに，焦点をあてよう．そして，頭の形状を球で近似し，その球表面は固く（すなわち剛表面），また左右の耳は，それぞれ，球表面についた点であって，届いた音の音圧を検知する（ここでは「**点の耳**」と呼ぶ）ものとする．さらに，音が届いてもその剛球は動かないものとする．つまり，剛球の上に左右2つの耳位置にあたる点を定義し，その点での音圧を調べることで，読者は「どんな音が両耳へ届くか」を近似的に想像できることになる．両耳へ届く音は，第1近似として，球による音の回折現象による音の特徴をもつと考えられる．

3.1.2　自由空間におかれた球状頭（球バフル）による音の回折

形状を球で近似した頭を，**球状頭**（あるいは**球バフル**）と呼ぼう．そして「点の耳」がついているとする．自由空間内に置かれた球状頭による音の回折現象は，音響理論の教科書で「剛球による音の回折」を参照するとよい．ここでは，早坂壽雄と吉川昭吉郎の音響振動論[1]を参照し，その理論式を示し，数値計算して両耳へ届く音の特徴を図に示そう．

まず，**図 3.1** に示すように，球の中心を点 O とし，点 O から音の**到来方向**（**DOA**：direction of arrival）に向かって DOA 軸を定める．自由空間に観測点 P をとり，OP 間の長さを r，DOA 軸とベクトル OP とのなす角を θ として，極座標 (r, θ, χ) を定めよう．角度 χ は DOA 軸周りの回転角である．到来する音波が平面波の場合は波面は DOA 軸に垂直な平面であり，球面波ならばそ

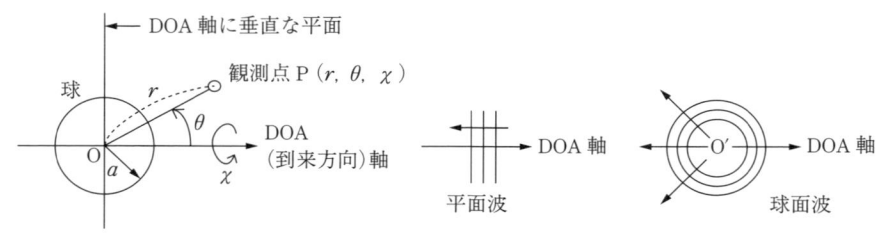

（a）座標系　　　（b）平面波進行の場合　（c）球面波進行の場合

図 3.1　球状頭の座標系

の音源の中心はDOA軸上にあることになる。

　到来する入射音波が剛球にぶつかると，表面で反射され反射波が放射される。この反射波は入射音波と重なり合い，その結果最初の入射波だけの音場は乱される。重ね合わされて作られた音場は，球が剛球であるという物理的条件によって定まる境界条件を満たさなければならない。この場合，粒子速度の「球の半径方向成分」は剛球表面ではつねに0となる。

　自由空間で平面音波が剛球に向かって入射するときの理論式を示す。球の中心に極座標 (r, θ, χ) の原点をとっているので，DOA軸方向から平面音波が到来するとして，剛球の周りに作られる音場の速度ポテンシャル $\phi(r, \theta)$ は，式 (3.1) で与えられる（このとき，音場はDOA軸に対して軸対称性をもち，χ によらない）。

$$\phi(r,\theta) = A\sum_{n=0}^{\infty} j^n(2n+1)\left\{j_n(kr) - \frac{j_n'(ka)\,h_n^{(2)}(kr)}{h_n^{(2)'}(ka)}\right\}P_n(\cos\theta)e^{j\omega t} \tag{3.1}$$

　式 (3.1) には，いくつかの特殊関数とその微分形が含まれている。第1種球Bessel関数 $j_n(kr)$，Hankel形式の発散波を示す球Bessel関数 $h_n^{(2)}(kr)$，およびLegendre関数 $P_n(\cos\theta)$ などである。これらは，球表面表現に適した座標系として極座標系の導入と，球表面からの反射波が球表面から放射される発散波の一般形式として表現されたこと，入射平面波の極座標系表示とをふまえて，球表面での境界条件を満たすように導出された結果である。

　また，剛球表面上での速度ポテンシャル $\phi(r=a)$ は，$r=a$ の代入と，球Bessel関数に関する計算公式の適用の結果，式 (3.2) で与えられる。

$$\phi(r=a) = A\frac{1}{ka}\sum_{n=0}^{\infty} j^{n+1}(2n+1)\frac{P_n(\cos\theta)}{kah_{n+1}^{(2)}(ka) - nh_n^{(2)}(ka)}e^{j\omega t} \tag{3.2}$$

　なお，音圧および粒子速度は，速度ポテンシャル ϕ から，それぞれ，$p = j\omega\rho\phi$ および $u = -\mathrm{grad}(\phi)$ で求める。ρ は空気の密度である。

　ここで，球を置くことにした原点での，球がない場合の入射音波の速度ポテンシャルは，式 (3.3) であるから

$$\phi_{inc}(r=0) = Ae^{j\omega t} \tag{3.3}$$

剛球表面での音波が入射音波の何倍にあたるかの係数 D は，**回折係数**と呼ばれており，式 (3.4) で与えられる。

$$D = \frac{\phi(r=a)}{\phi_{inc}(r=0)} = \frac{1}{ka} \sum_{n=0}^{\infty} j^{n+1}(2n+1) \frac{P_n(\cos\theta)}{kah_{n+1}^{(2)}(ka) - nh_n^{(2)}(ka)} \tag{3.4}$$

ここに，j は虚数単位であり，$k = \omega/c = 2\pi f/c$ は位相定数，a は球の半径，c は空気中の音速，$P_n(x)$ は Legendre 関数，$h_n^{(2)}(x)$ は第 2 種の球 Hankel 関数，である。虚数単位 j と前述の $j_n(x)$ とを混同しないこと。

次に，自由空間に球面音波が入射しているときの理論式を示す。球の中心から距離 R 離れた点に置かれた点音源 $Qe^{j\omega t}$ から到来する球面波によって，剛球の周りに作られる音場の速度ポテンシャル $\phi(r, \theta)$ は式 (3.5) で，剛球表面上での速度ポテンシャル $\phi(r=a, \theta)$ は式 (3.6) で与えられる。

$$\phi(r,\theta) = \frac{jkQ}{4\pi} \sum_{n=0}^{\infty} (2n+1) \left\{ \frac{j'_n(ka) h_n^{(2)}(kr)}{h_n^{(2)'}(ka)} - j_n(kr) \right\} h_n^{(2)}(kR) P_n(\cos\theta) e^{j\omega t} \tag{3.5}$$

$$\phi(r=a, \theta) = \frac{Q}{4\pi a} \sum_{n=0}^{\infty} (2n+1) \frac{h_n^{(2)}(kR) P_n(\cos\theta)}{kah_{n+1}^{(2)}(ka) - nh_n^{(2)}(ka)} e^{j\omega t} \tag{3.6}$$

ここで，DOA 軸は球の中心（原点）と点音源を結ぶ線上で定義し，着目点（観測点）は極座標 (r, θ, χ) 表示する。

また，球を置くことにした原点での，球がない場合の入射球面音波の速度ポテンシャルは式 (3.7) であり，したがって，回折係数 D は式 (3.8) で与えられる。

$$\phi_{inc}(r=0) = \frac{Q}{4\pi R} e^{j(\omega t - kR)} \tag{3.7}$$

$$D(r=a, \theta) = \frac{\phi(r=a, \theta)}{\phi_{inc}(r=0)}$$

$$= \frac{R}{a} e^{jkR} \sum_{n=0}^{\infty} (2n+1) \frac{h_n^{(2)}(kR) P_n(\cos\theta)}{kah_{n+1}^{(2)}(ka) - nh_n^{(2)}(ka)} \tag{3.8}$$

以上より，球面音波入射時での回折係数の理論式を数値計算して，球状頭表面

に左右の「点の耳」が付いている場合の両耳へ届く音の特徴を図3.2に示す。計算では，球半径 8.84 cm，「点の耳」は左右 90°につけて正面を 0°にとった。到来方位角を α と書けば，$\alpha = \pi/2 - \theta$ である。

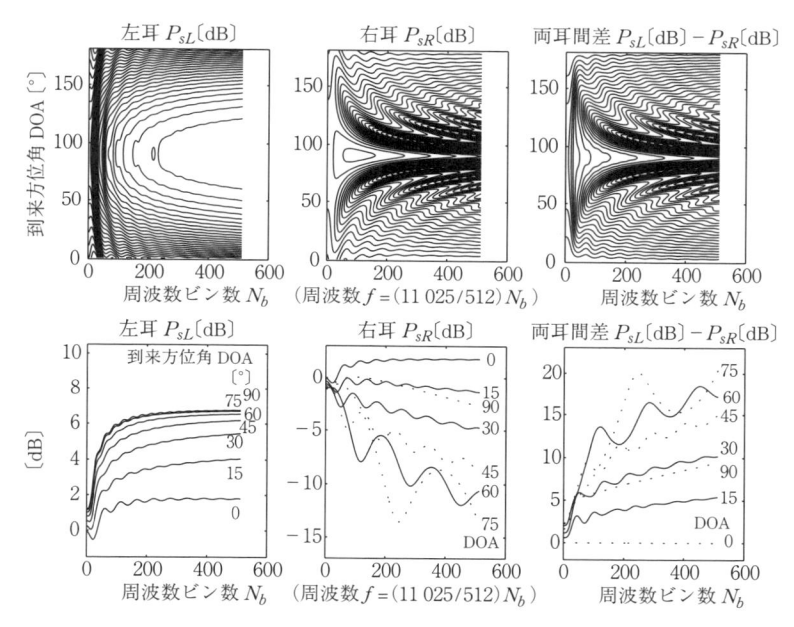

図3.2 半径 8.84 cm の球状頭の回折係数の方位角-周波数特性（数値計算結果）。点音源は左耳側にあり，頭の中心から 1 m の距離で，到来方位角 α を 0 から 180°まで変化させた。α が 90°で，DOA 軸は耳軸に重なる。

3.1.3 耳道だけが付いている球状頭に届く音の特性

耳へ届く音は，耳道内の鼓膜面へと伝搬するのであるから，もう少し近似を高めよう。図3.3（a）に示すような，球状頭に「剛な円筒管状のくぼみ」の耳が付いている場合を考える。この耳は耳道奥で鼓膜インピーダンス Z_T で終端され，鼓膜面上の音圧を検知するものとする。耳道へと届いた音が長さ L，断面積 S の円筒管内では軸方向に平面波伝搬していると仮定しよう[2),3)]。無限長剛壁円筒管の音の伝搬理論[4)] によれば，非軸方向モードの最低の遮断周波数 f_{10}（ただし，$f_{10} = 199/d$〔kHz〕で，d は円筒管の直径〔mm〕）を超えない周波

3. 空間音響の収録

(a) 剛球中の剛壁円筒管耳道

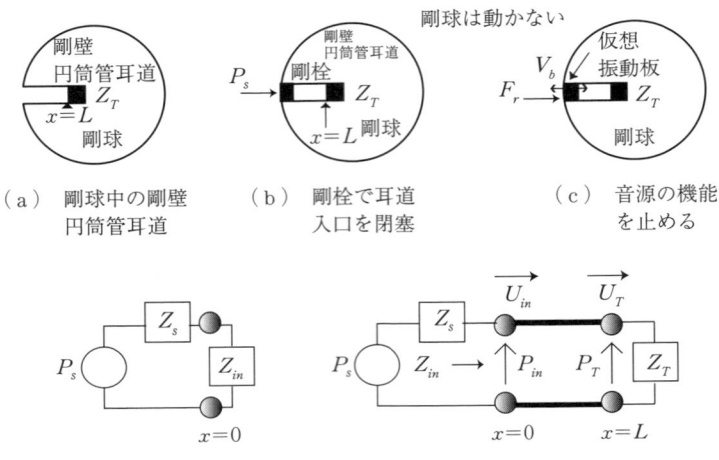

(b) 剛栓で耳道入口を閉塞

(c) 音源の機能を止める

(d) 耳道入口での等価回路

(e) 耳道終端まで含めた等価回路

図 3.3 球状頭に「剛壁円筒管耳道の耳」が付いた状態の音響等価回路（耳道入口でのテブナン音圧 P_s およびテブナン音響インピーダンス Z_s を用いる）

数では，軸方向平面波が伝搬する。耳道を直径 7.5 mm の剛壁円筒管で近似すると，約 26 kHz までは径方向伝搬モードは生じないから，オーディオ周波数範囲では耳道は 1 次元の一様伝送路とみなすことができると仮定した。

この**剛壁円筒管耳道の耳**が付いた状態は，球表面に「点の耳」が付いた状態から考察可能である。音響的な等価回路は，耳道入口部で音源側と耳道側とに分けて，音源側に電気回路理論でよく知られている**テブナンの等価回路**表現[5]を利用しよう。そのとき，(A) 耳道入口部を剛壁面で埋めた状態でその剛壁面に生じる音圧 P_s（耳道入口閉塞音圧，これを耳道入口でのテブナン音圧と呼ぶ。図 (b) 参照）と，(B) 耳道入口から音源側を見た音響インピーダンス Z_s（これを耳道入口でのテブナン音響インピーダンスと呼ぶ）とを知れば，テブナンの等価回路が導ける[2),6)]。

耳道入口部を球表面に沿うように剛壁面で埋めれば全体が剛な球表面となるので，(A) の埋め込んだ面上での音圧 P_s は 3.1.2 項で述べた剛な球状頭表

面の「点の耳」での音圧に相当する（これを $P_{point\text{-}ear}$ で表す）。一方，表面積 S の耳道入口部をもつ剛球は，もはや剛球ではなく，音の再放射が可能な表面積 S の仮想的な振動板が埋め込まれた剛球と考えることができる。このような振動板からの音放射に関する音響インピーダンスは，球状頭中に置かれたピストン円板の放射インピーダンス[7]，Z_{rad} を，振動板面積 S の2乗で除算することで得られる（機械インピーダンスから音響インピーダンスへと次元換算するため）。放射インピーダンスの定義は，音を放射したことにより振動板が受ける反作用力 F_r を振動板の振動速度 V_b で除算したものである。つまり，振動板が振動速度 V_b で振動するとき，振動板には放射インピーダンス Z_{rad} による反作用力 F_r が生じていることを示す（図（c））。電源の内部インピーダンスの測定には，「電源の機能を止めたうえで（電源を殺した状態で），ある電流 I を流してそのとき電源端子に生じる電圧 V を計測し，V/I を得ればよい」ことを，想起するとよい。

$$P_s = P_{point\text{-}ear} \tag{3.9}$$

$$Z_s = \frac{Z_{rad}}{S^2} \tag{3.10}$$

ここに，Z_{rad} は式（3.11）である。

$$Z_{rad} = \frac{F_r}{V_b} \tag{3.11}$$

したがって，「剛壁円筒管耳道の耳」が付いた状態の球状頭の音響的な等価回路は，図（d）のように書ける。すなわち，耳道入口に関して，音源側はテブナン音圧（耳道入口閉塞音圧源）P_s とテブナン音響インピーダンス Z_s の直列回路でテブナンの等価回路表現され，また，耳道側は耳道入力音響インピーダンス Z_{in} で表現される。音響等価回路は，テブナン音圧，テブナン音響インピーダンス，および耳道入力音響インピーダンスが直列に接続された閉回路となるので，この場合の耳道入口面での音圧は式（3.12）で表される。

$$P_{in} = \frac{P_s Z_{in}}{Z_s + Z_{in}} \tag{3.12}$$

また，この場合の耳が検出する音圧 P_T は，図（e）のように，鼓膜インピーダンス Z_T で終端された**分布定数回路**の終端部の音圧である。分布定数回路で表した耳道内の音伝搬は，平面波伝搬するとしているので，耳道内 $x=0$ での音圧 P_{in} および体積速度 U_{in} と，終端 $x=L$ の鼓膜での音圧 P_T および体積速度 U_T とを使って，式 (3.13) のように表せる。

$$\begin{pmatrix} P_{in} \\ U_{in} \end{pmatrix} = \begin{pmatrix} \cos kL & jZ_c \sin kL \\ j\frac{1}{Z_c} \sin kL & \cos kL \end{pmatrix} \begin{pmatrix} P_T \\ U_T \end{pmatrix} \tag{3.13}$$

ここに

$$Z_c = \frac{\rho c}{S}, \quad U_T = \frac{P_T}{Z_T} \tag{3.14}$$

である。したがって，Z_T で終端された終端部の音圧（鼓膜面上音圧に相当）P_T，および耳道入力音響インピーダンス Z_{in} は，それぞれ，式 (3.15) および式 (3.16) で求まる。

$$P_T = \frac{P_{in}}{\cos kL + j(Z_c/Z_T)\sin kL} \tag{3.15}$$

$$Z_{in} = \frac{P_{in}}{U_{in}} = \frac{\cos kL + j(Z_c/Z_T)\sin kL}{j(1/Z_c)\sin kL + (1/Z_T)\cos kL} \tag{3.16}$$

式 (3.15) 中の P_{in} に式 (3.12) を代入し，さらに式 (3.16) を代入すると，鼓膜面上音圧 P_T をテブナン音圧 P_s との関係で見ることができる。

$$\begin{aligned} P_T &= \frac{P_s}{(1+(Z_s/Z_T))\cos kL + j((Z_s/Z_c)+(Z_c/Z_T))\sin kL} \\ &= P_s H_{s2T} \end{aligned} \tag{3.17}$$

ここに

$$H_{s2T} = \frac{1}{(1+(Z_s/Z_T))\cos kL + j((Z_s/Z_c)+(Z_c/Z_T))\sin kL} \tag{3.18}$$

である。

式 (3.17) より，球状頭の「剛壁円筒管耳道の耳」が検出する音圧 P_T は球状頭の「点の耳」が検出する音圧 $P_{point\text{-}ear}(=P_s)$ と**伝達因子** H_{s2T} との積で表

3.1 空間音響収録の基礎

され,伝達因子のもつ周波数特性による変形を受けていることがわかる。ここで,伝達因子は,虚数単位 j, $k=\omega/c$, ρc, Z_T,耳道の形状・寸法の関数 L と Z_c,および $\cos kL$, $\sin kL$ を含み,それ以外のものは,テブナン音響インピーダンス Z_s(耳道入口から音源側を見たインピーダンス)のみであることを注意しておきたい。音源が点音源である場合には,音源自体の大きさは無視できるから,球状頭の耳道入口の仮想振動板が音放射しても音源物体自体による反作用も受けないため,テブナン音響インピーダンス Z_s は音源の位置・方向に依存しない。

ここで,球状頭に「剛壁円筒管耳道の耳」が付いている場合の数値計算した2つの図を示しておく。**図 3.4** は,半径 8.84 cm の球状頭に「剛壁円筒管耳道の耳」が付いた場合のテブナン音響インピーダンス Z_s および伝達因子 H_{s2T} の周波数特性を示す。なお,数値計算では,剛壁円筒管耳道は長さ 2.25 cm,断面直径 0.75 cm とし,Z_T の値は仮に,$Z_T = 10 Z_c$ で与えた。また,**図 3.5** に示す「剛壁円筒管耳道の耳」が検出する音圧 P_T の到来方位角-周波数特性は,図 3.4 に示した Z_s および伝達因子 H_{s2T} を使って算出したものである。

したがって,「剛壁円筒管耳道の耳」が検出する音圧 P_T は,テブナン音圧(耳道入口面を剛壁面で閉じたときにその面上に生じる音圧)P_s とは周波数特

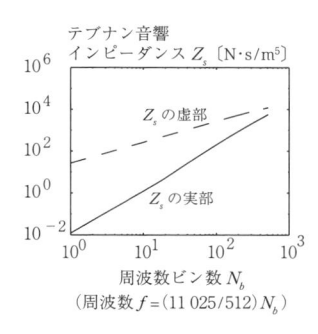

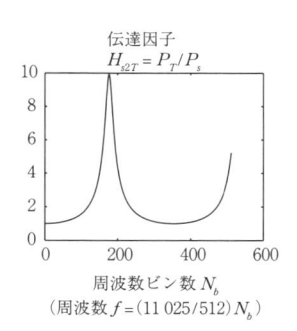

図 3.4 半径 8.84 cm の球状頭に「剛壁円筒管耳道の耳」が付いた場合のテブナン音響インピーダンス Z_s および伝達因子 H_{s2T} の周波数特性(数値計算結果)。なお,数値計算では,剛壁円筒管耳道は長さ 2.25 cm,断面直径 0.75 cm とし,Z_T の値は仮に,$Z_T = 10 Z_c$ で与えた。

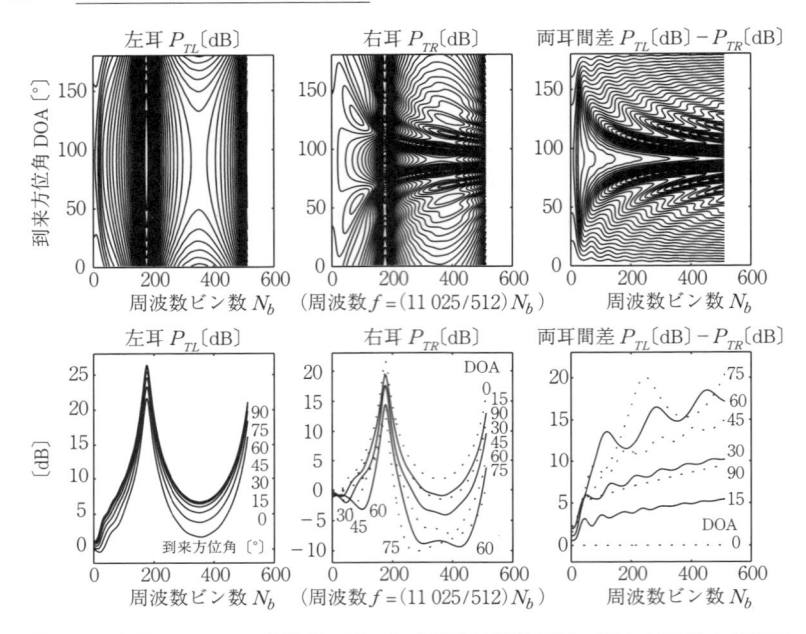

図 3.5 半径 8.84 cm の球状頭に付いた「剛壁円筒管耳道の耳」が検出する音圧 P_T の到来方位角-周波数特性（数値計算結果）。なお耳道寸法には耳道長 2.25 cm, 断面直径 0.75 cm の値を採用。テブナン音響インピーダンス Z_s および伝達因子 H_{s2T} を計算に組み込んである。左耳および右耳での音圧 P_T を，それぞれ, P_{TL}, P_{TR} と記す。

性が変わるものの，音源の位置・方向に関してはそのまま同じ情報を保存していると考えられる。これは空間音響収録上，注目に値する。

なお，鼓膜インピーダンス $Z_T = \infty$ であるときは，関係式が簡単な表現になり，見通しがよいので以下に示しておく。

$$P_T = \frac{P_{in}}{\cos kL} \tag{3.19}$$

$$= \frac{P_s}{\cos kL + j(Z_s/Z_c)\sin kL} \tag{3.20}$$

$$= P_s H_{sT} \tag{3.21}$$

ここに

$$H_{sT} = \frac{1}{\cos kL + j(Z_s/Z_c)\sin kL} \tag{3.22}$$

また

$$Z_{in} = -jZ_c \cot kL \tag{3.23}$$

である。

3.1.4 反射音が存在する空間で両耳に届く音の特性

空間で音源から発せられた音を聴くとき,日常生活の場では空間に起因する反射音も聴き手には届いている。聴き手の外耳道に届く音を考えよう。耳介の窪んだ部分としての**耳甲介部**(耳甲介腔,耳甲介舟)を経て,外耳道があり,その終端が鼓膜である。まず,**図3.6**に示す名称をもつ耳介の各部分と耳介の音響的な機能との関係を見ておきたい。耳道に達する音に対する音響的機能から,耳介は,主に回折体として働く**耳介の鍔状部**(pinna flange or pinna extension)および共鳴器として働く**耳介の窪み部**(cavum(腔),cymba(舟),fossa(窩)とに大別される。E. A. G. Shaw と R. Teranishi[8],R. Teranishi と E. A. G. Shaw[9] は,人の外耳の音響特性を実耳や簡単な幾何形状で作製した模型耳で系統立てて研究し,Shaw は,さらに,耳道閉塞状態で,人の外耳の音響特性に現れる6つのモードは,耳介の窪み部でどのような音圧分布を示すのかについて研究を行っている[10]~[12]。

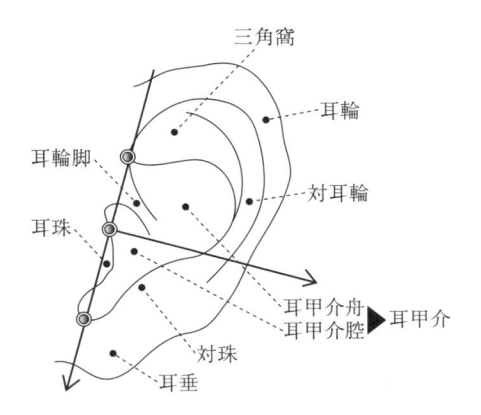

図3.6 耳介の各部の名称

その研究では，耳道閉塞状態で観察される，人の外耳の6つの固有モードの音圧分布と最もよく励起される方向が図にまとめられている。ただし，Shawは特別な音源を使用した（図3.7参照）。すなわち，この進行波音源は，頭の回折効果を実質的には避け得るように，耳に十分近接して動作することが可能で，一方，耳と音源間の重大な相互作用を抑えられるように十分な間隔を保てるように設計された。そして，耳介面に沿うようにかすり入射する方向を変化させてクリーンな進行波を生成する。外耳道入口を閉塞できるように挿入された耳栓面の中心にプローブマイクロホンの先端部を置き，その音源を用いて耳道閉塞状態で測定されている。測定の様子は，例えば文献12）のFig.4を参照されたい。

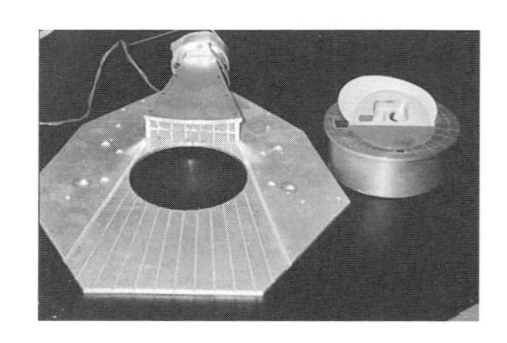

図3.7 Shawのかすり入射進行波音源装置

10名の被験者による平均パターンとして得た結果がモードごとに，耳介の形状平面図に書き込んであり，さらに円と矢印でそれぞれ，相対的スケールで表したモードの平均応答の大きさと，その励起される方向を示してある。また，耳介の窪み部内での音圧分布は±付きの数値で示してあり，位相の同相・逆相の違いも観察できる。耳介の第1モード（4.3 kHz）は分布パターンを示さず，耳甲介の底に向う方向に一様である。その他のモードは耳介面に沿う横モードである。第2モード（7.1 kHz）は耳輪脚近くに単一の節面（nodal surface）をもち，仰角75°方向から最も強く励起される。耳甲介舟と三角窩での位相は耳甲介腔とは逆位相である。第3モード（9.6 kHz）も仰角75°で最もよく励起されるが，他のモードよりはそのレベルは低い。これは2つの節

面をもち，1つは耳輪脚の近くに，もう1つは耳甲介舟と三角窩の境目付近に生じている。その他の高次のモードも耳介の窪み部の形状に密接に関係した位置に節面をもつことが観察される。第4モード（12.1 kHz）は，第2，第3モードとは違って，前方からの入射で最もよく励起され，「耳甲介腔と耳甲介舟」の前部で正の位相になるが，後部および三角窩では逆相となる。したがって，耳介の窪み部形状によって決まる固有モードが入射方向に依存した大きさで励起されて耳道入口に達することがわかる。上記の知見は空間音響の収録をどのように耳道内で行うべきかを考察するうえで欠かせない。

さて，反射音が存在する空間で両耳に届く音のモデル化に話を進めよう。このような場合でも，**図 3.8** の聴き手の耳へ届く音をモデル化することができる。外耳道内に届いた音波が入口部より少し内側に入れば平面波伝搬すると仮定して[2),3)]，その位置で音源側および耳道内側の**仮想境界面**を設定しよう。そうすると，3.1.3項と同様な等価回路表現を得て，外耳道へ届く音をモデル化できる。

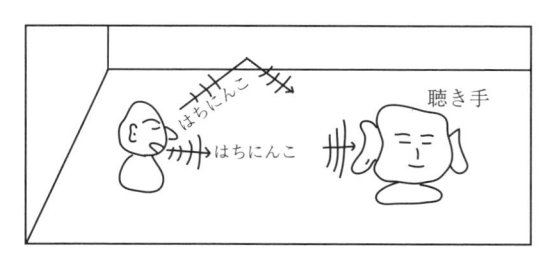

図 3.8 反射音が存在する空間で耳へ届く音

耳道入口（$x=0$）より数 mm 入った位置（$x=m$）に仮想境界面を設定し，聴き手の音響系を音源側および耳道内側に分割した場合の，聴き手の音響等価回路表現を**図 3.9** に示す。図（a）は，反射音が存在する空間にいる聴き手の音響系である。空間での聴き手の胴体，頭部，耳介部および耳道内位置 $x=m$ までの耳道を囲んだ部分を，**空間音響回路網**として表現している。その入力端には反射音を含む複数の音源がつながれ，また出力端には鼓膜インピーダンスで終端された耳道を表す分布定数回路が接続される。図（b）は，耳道内 $x=$

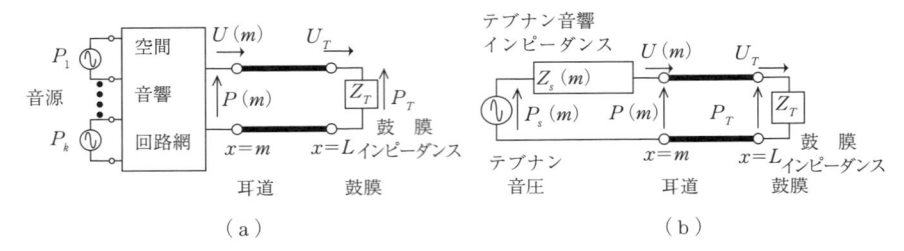

図 3.9 反射音が存在する空間にいる聴き手の音響系（a）と，その音響等価回路表現（b）

m で音響系を分割しテブナンの等価回路表現を使った音源側音響系および耳道内側の分布定数回路からなる聴き手の音響等価回路である。

聴き手の耳道位置（$x=m$）での，テブナン音圧 $P_s(m)$ およびテブナン音響インピーダンス $Z_s(m)$ が導入されている。テブナン音圧は耳道を $x=m$ において剛栓で閉塞した場合の剛栓面上に生じる音圧に相当し到来音方向に依存する。一方，耳道内 $x=m$ から音源側を見た音響インピーダンスであるテブナン音響インピーダンスは方向依存性をもたない。

さて，耳道内の音伝搬は，耳道内 $x=m$ での音圧 $P(m)$，および体積速度 $U(m)$ と，終端 $x=L$ の鼓膜での音圧 P_T，および体積速度 U_T とを使って，式 (3.24) のように表せる。

$$\begin{pmatrix} P(m) \\ U(m) \end{pmatrix} = \begin{pmatrix} \cos k(L-m) & jZ_c \sin k(L-m) \\ j\frac{1}{Z_c} \sin k(L-m) & \cos k(L-m) \end{pmatrix} \begin{pmatrix} P_T \\ U_T \end{pmatrix} \quad (3.24)$$

ここに

$$Z_c = \frac{\rho c}{S} \quad (3.25)$$

$$U_T = \frac{P_T}{Z_T} \quad (3.26)$$

である。また，$P(m)$ と P_T との関係は式 (3.26) の U_T を式 (3.24) に代入して，式 (3.27) のように得られる。

$$P(m) = \{\cos k(L-m) + j(Z_c/Z_T) \sin k(L-m)\} P_T \quad (3.27)$$

耳道内 $x=m$ で鼓膜側を覗き込んだ入力音響インピーダンスは式 (3.28) で表

される。

$$Z_{in}(m) = \frac{P(m)}{U(m)}$$
$$= -jZ_c \frac{\cos k(L-m) + j(Z_c/Z_T)\sin k(L-m)}{\sin k(L-m) - j(Z_c/Z_T)\cos k(L-m)} \quad (3.28)$$

さらに

$$P(m) = \frac{P_s(m) Z_{in}(m)}{Z_s(m) + Z_{in}(m)} \quad (3.29)$$

と式 (3.27) の関係から

$$P_T = \frac{P(m)}{\cos k(L-m) + j(Z_c/Z_T)\sin k(L-m)} \quad (3.30)$$

$$= \frac{P_s(m) Z_{in}(m)}{\{\cos k(L-m) + j(Z_c/Z_T)\sin k(L-m)\}\{Z_{in}(m) + Z_s(m)\}} \quad (3.31)$$

$$= \frac{P_s(m)}{\{1 + Z_s(m)/Z_T\}\cos k(L-m) + j\{Z_s(m)/Z_c + Z_c/Z_T\}\sin k(L-m)}$$

$$= P_s(m) H_{s(m)T} \quad (3.32)$$

である。ここに，$H_{s(m)T}$ は，$x=m$ でのテブナン音圧 $P_s(m)$ から鼓膜面上音圧 P_T への伝達因子である。

$$H_{s(m)T} = \frac{1}{(1 + Z_s(m)/Z_T)\cos k(L-m) + j(Z_s(m)/Z_c + Z_c/Z_T)\sin k(L-m)}$$
$$\quad (3.33)$$

ここでも，テブナン音響インピーダンスが式 (3.31) に含まれるが，音源が点音源である場合には，音源自体の大きさは無視できるから，耳道内 $x=m$ での仮想振動板が音放射しても音源物体自体による反作用も受けないため，テブナン音響インピーダス $Z_s(m)$ は音源の位置・方向に依存しない。

したがって，前項と同様なことがいえる。空間にいる聴き手の鼓膜面上音圧 P_T は，耳道入口より少し奥へ入った $x=m$ でのテブナン音圧（耳道 $x=m$ での仮想面を剛壁面で閉じたときに，その面上に生じる音圧）P_s とは伝達因子 $H_{s(m)T}$ による周波数特性が変わるものの，音源の位置・方向に関してはその

まま同じ情報を保存していると考えられる。これは空間音響収録上，注目に値する。

3.1.5 聴き手の位置が想定できる場合の空間音響の収録問題

3.1.4項の反射音が存在する空間で，聴き手のいる位置が想定できる場合，空間音響の収録問題は**頭部伝達関数（HRTF）を用いるバイノーラル技術による立体音場生成問題**[13]とかかわる展開となることを述べたい。

ある与えられた音響空間内で聴き手の位置が想定できるとき，聴き手の音響系は図3.9（a）の音響等価回路で表現される[2]。その空間音響回路網では，複数の入力端で反射音を含む複数の音源が接続されており，また出力端には，聴き手の耳道内位置 $x=m$ から鼓膜までの耳道を表す分布定数回路が接続されている。ここで，与えられた音響空間は線形時不変システムであるとしよう。そこに直接音音源が複数存在し，音源どうしの相互の影響は無視できるとすれば，聴き手の耳へ届く音響信号は各音源が単独に存在するときの耳へ届いた信号の線形和で表せる。

そこで，思考実験を行ってみる。空間音響回路網の中の1つの入力端に接続される音源からインパルスを放射して，耳道の分布定数回路の位置 $x=m$ においてインパルス応答を得たとする。この音圧のインパルス応答のフーリエ変換が，「その音源から聞き手の耳道 $x=m$ まで」の頭部伝達関数 HRTF である。したがって，HRTF と聴き手の鼓膜面上音圧の関係は**図3.10**に示すブロック図で表現できる。図（a）は鼓膜までを明示したブロック図表現である。図中の伝達関数 HRTF および H_{EC} は，それぞれ，$x=m$ での負荷インピーダンス $Z_L(m)$ および鼓膜インピーダンス Z_T に依存していることに注意が必要である。他人の HRTF 利用の影響まで含めて議論するためには，図（b）のように耳道内を $x=m$ において剛栓で閉塞した（すなわち無限大インピーダンス Z_{inf} を接続し音圧 P_{inf} が剛栓面上に生じる）場合を考えるのがよい。このとき音源と閉塞した $x=m$ 間のシステムは伝達関数 H_{inf} をもち，また音圧 $P_{inf}(t)$ は $x=m$ でのテブナン音圧に相当する。

3.1 空間音響収録の基礎　67

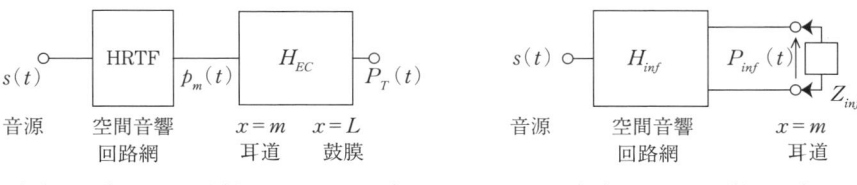

（a）耳道 $x=m$ で分割したブロック図表現　　（b）$x=m$ で剛栓で閉塞

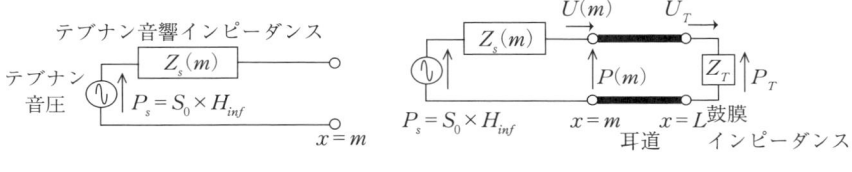

（c）テブナンの等価回路　　（d）図（a）の聴き手のテブナン等価回路表現

図 3.10　HRTF の定義と聴き手の鼓膜面上音圧の関係

次に，音源が複素指数関数信号 $s(t)=S_0 e^{j\omega t}$ を放射する場合を考えることにより，伝達関数表現と4端子回路表現の取扱いを容易にできる。テブナン音圧 $P_{inf}(t)$ は，$P_{inf}(t)=P_s e^{j\omega t}$ と表せる。また，次式で定義できる。

$$H_{inf} = \frac{P_s}{S_0} \tag{3.34}$$

したがって，図（c）のテブナンの等価回路を得る。以後，図中では電気回路理論と同様に，時間因子 $e^{j\omega t}$ を省略して，音圧，体積速度を表記する。図（c）を考慮すると，図（a）のブロック図表現は，テブナンの等価回路表現と分布定数回路との縦続接続として表せる（図（d））。ここに，$P(m)$，$U(m)$，および P_T，U_T はそれぞれ $x=m$ あるいは $x=L$ での音圧，体積速度の振幅を表す。

HRTF は，負荷インピーダンスにより影響を受けるので，明示的に，$H(Z_L(m))$ のように記述しておく。$H(Z_L(m))$ を立体音場生成に利用するためには計測する必要がある。音響インピーダンスが Z_{mic} である計測用マイクロホンを，聴き手の耳道位置 $x=m$ に挿入するとき，その位置での負荷音響インピーダンス $Z_M(m)$ が，$Z_L(m)$ と Z_{mic} との並列になり，そのため，音圧も変化して，$p_{mic}(t)=P_{mic}e^{j\omega t}$ となったとする。ここに，$P_{mic}=H_{inf}S_0/(1+(Z_s(m)/Z_M(m)))$ である。

この場合，音源から $x=m$ までの伝達関数は式 (3.35) となる。

$$H(Z_M(m)) = \frac{P_{mic}}{S_0} = \frac{H_{inf}}{1+(Z_s(m)/Z_M(m))} \tag{3.35}$$

言うまでもなく，計測した HRTF にはその空間での空間音響特性そのものが含まれているので，そのものずばりの「聴き手にとっての空間音響の収録」である。聴き手の方々のご協力がいただけることは空間音響研究の進展にとても大切なことである。

3.1.6　回折数値計算で求めた球状頭(「点の耳」付き)のインパルス応答

3.1.2 項で取り上げた，自由空間に置かれた球状頭（球バフル）の数値解では，周波数領域で音の回折現象を考察した。このとき，周波数ごとに数値解を求めたので，実は時間領域でもこの結果が活用できるように考慮して，周波数間隔を定めておいた。ディジタル信号処理の世界とつながることが可能になるよう，サンプリング周波数 $f_s=22\,050\,\text{Hz}$ で FFT 解析の点数 $N=1\,024,\ 2\,048$ などを選んでおき，f_s/N〔Hz〕間隔を用いた。したがって，フーリエ逆変換して，時間領域で得られた信号が実信号となるよう工夫をして，球状頭のインパルス応答を利用できる。ここでは，そのインパルス応答をもつ球状頭システムに，**トーンバースト**（周波数 f_0 の正弦波信号にハニング窓を乗算して得たもの）を入力して，音の到来方位角（DOA）が変化するときシステム出力に現れるトーンバースト信号の波形包絡の時間領域での振舞いを観察しよう。なお，出力の信号波形の包絡はヒルベルト変換を用いて算出した。

図 3.11 は入力トーンバースト波形の例（$f_0=500,\ 1\,500,\ 2\,500\,\text{Hz}$）を示す。

図 3.12 には，$1\,500\,\text{Hz}$ トーンバースト出力波形の DOA による変化を 30° ごとに示した。図中の (65)，(1.14) などは出力包絡最大点座標値を表す。最初の (65) が出力包絡の最大振幅が現れる時刻（サンプル数）を示し，次の (1.14) が出力包絡の最大振幅を示している。これらの座標値を音の到来方位角（DOA）順にたどれば，最大振幅が現れる時刻が，65，61，60，59，…と

3.1 空間音響収録の基礎　69

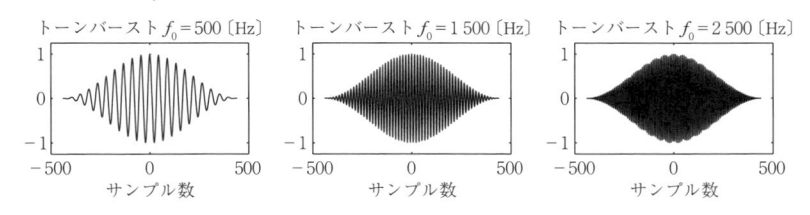

図 3.11 球状頭「点の耳」システムへの入力トーンバースト波形の例

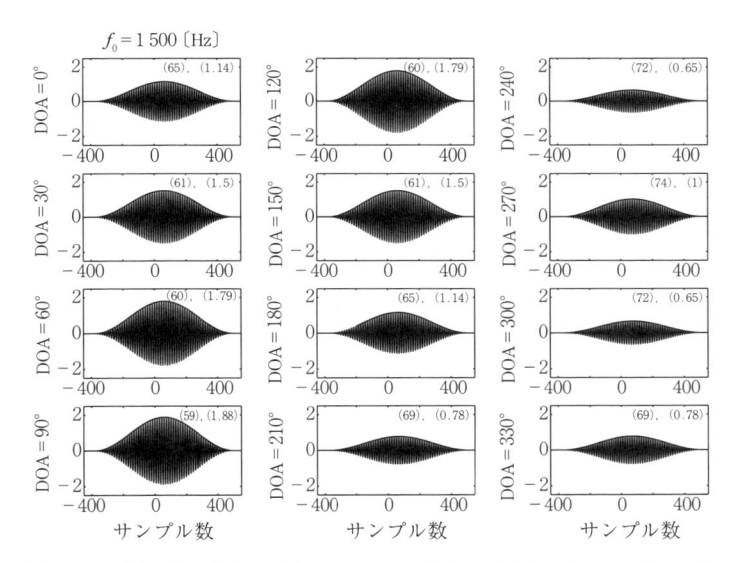

図 3.12 球状頭の「点の耳」システムの出力：1 500 Hz トーンバースト
（到来方位角 DOA を 0° から 330° まで 30° 間隔で変えている）

変化し DOA = 90° で最も早く，270° で最も遅くなることがわかる．また最大振幅は DOA = 90° で最大値を示すが，DOA = 240° および 300° で最小値をとり，DOA = 270° では最小ではないことがわかる．

次に，トーンバースト信号の周波数パラメータ f_0 を 500 Hz から 1 000 Hz 間隔で 6 500 Hz まで変えて，DOA が 15° ごとのトーンバースト出力包絡の最大振幅値〔dB〕と最大振幅値点の遅延サンプル数を求め，音の到来方位角（DOA）に対するそれぞれの値を，図 3.13（a）および（b）に示す．

次に，球状頭の「点の耳」システムの周波数応答特性 $H(\omega)$ から，対応す

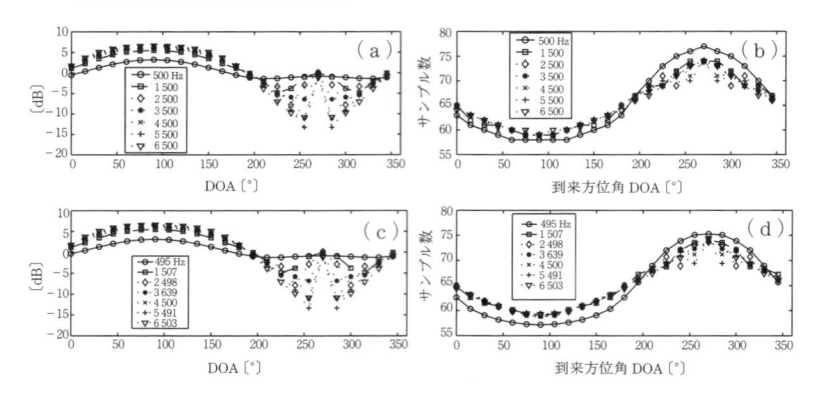

図 3.13 球状頭の「点の耳」システムでの，周波数 f_0 のトーンバースト出力包絡の到来方位角（DOA）特性，ならびに $f=f_0$ の周波数応答特性値の到来方位角（DOA）特性．（a）トーンバースト出力包絡の最大振幅値〔dB〕および（b）最大振幅値点の遅延サンプル数，ならびに $f=f_0$ の（c）振幅周波数特性値〔dB〕および（d）群遅延特性値（位相周波数特性の周波数微分）サンプル数

る周波数点での振幅周波数特性値〔dB〕および群遅延（位相周波数特性の周波数微分で定義）サンプル数を求め，それぞれ図（c）および（d）に示す。（注：図（c），（d）では，周波数は f_0 に最も近い f_s/N の整数倍のもので定めた。）

対比できる形で図 3.13 に示された結果より，トーンバースト出力包絡の最大振幅点の振幅値および遅延の DOA 依存性は，対応する周波数点でのシステムの周波数応答特性の振幅周波数特性値および群遅延値の DOA 依存性から説明できることがわかる。

本節でふれていない，マイクロホンおよび音響素子（その音響インピーダンスを含む）などは，例えば文献 14)，15)を参照してほしい。

3.2 ダミーヘッド収録

3.1 節で見たように，空間音響の収録には，両耳へ入ってくる音信号が重要な役割を担っている。図 3.2 の球状頭の「点の耳」では，DOA の変化に対する耳信号の周波数特性変化は，音源に近い側の耳では周波数軸に沿って波打つ

ような特性が縦軸方向にレベル差はあるものの山谷の変化は似ていることを示し，一方，音源から遠いほうの「影にあたる」耳ではDOAの変化に対して山谷の位置とその間隔とに変化が見られた。その結果両耳間でのレベル〔dB〕差変化には影側の影響が目立っていた。図3.5の球状頭に付いた「剛壁円筒耳道の耳」での場合でも，耳道内の共鳴特性による周波数変化が大きくでるものの，両耳間でのレベル差変化は「点の耳」での結果と同じであった。耳介そのものが省略されたモデルであるから，頭の形状による音源側，影側での周波数特性の違いそのものが現れていたといえよう。

では，人に似せて作られた**ダミーヘッド**での収録は，どのように，空間音響の収録にふさわしい結果をもたらすか，期待は膨らむ。著者がまだ生まれていない時代に，第1号のダミーヘッドが登場している。3.2.1項でそのことにふれ，3.2.2項では，ダミーヘッドステレオフォニーに関してふれる。ダミーヘッドはどのような役割を期待されて空間音響学分野で盛んに研究されてきたか，ダミーヘッドの形状はどのように選ばれて作製されたのかなどをたどる。3.2.3項では標準化ダミーヘッドでの収録を，3.2.4項では特定の人からの型取り製作によるダミーヘッドでの収録に関して述べよう。

3.2.1　最初のダミーヘッド収録再生実験

1933年6月のBell Laboratories Record[16]には，"Oscar, the tailor's dummy"が登場している[13]。ストコフスキー指揮のフィラデルフィア管弦楽団と研究所の協力による音楽再生実験が行われ，Oscarの耳もとの頬に埋め込まれた左右のマイクロホンと接続された受話器を通して，Oscarの両耳が聴いた音楽を聴き手に伝えたと記されている。片耳モノラル，両耳に同一（diotic），両耳に混合，両耳にバイノーラルの4種の信号を提示して比較できるようになっていた。片耳モノラルを聴いて両耳同一へと変えるとラウドネスと充実感（fullness）が増し音像は頭の中央に移った。混合へと変えると音に粗さ（roughness）が加わったがラウドネスと音像位置は両耳同一の場合と同じであった。最後にバイノーラルへ変えると音像が空間でのそれらの適切な位置へ移動し残響は大き

く減少した。フィラデルフィアでの実験に備えて，マイクロホンおよびアンプは最高品質のものが両チャネルに用意された。一人一人に合わせた特性の等化ではなく実験参加者の平均特性に補正された1台の等化器だけを使った再生実験であったが，参加者から特別に忠実度の高いものであると認められたことなどが述べられている。

3.2.2 ダミーヘッドステレオフォニー

　少なくとも1つの音源を含む空間では，空間，音源，聴き手の位置関係や諸寸法の他にそれぞれのもつ諸特性が両耳信号に反映される結果，聴き手にはそれに応じた聴覚事象が生じる。1970～80年代に盛んに研究された**ダミーヘッドステレオフォニー**研究は，「ある音響空間で聴き手となれば生じるであろう聴覚事象を，時間と空間を超えて聴き手にそのまま再現すること」をめざして取り組まれた。つまり，再生時に聴き手の両耳信号を適切に生成することが求められた。Schroederらのヨーロッパのコンサートホールの比較研究[17]は，時空を超えて再現する手法によって，地理的に離れた複数のホールの主観的な嗜好評価を行い，主観データとホールの客観パラメータ間の相関を調査した。すなわち，無響室で演奏されたオーケストラ録音を各ホールのステージ上で再生してダミーヘッド録音しておき，評価時に切り替えながら再生した。ダミーヘッドの左（右）チャネルの録音信号を評価者の左（右）耳にそれぞれ忠実に無響室内の2つのスピーカで再生できるように，各スピーカの**クロストーク**を消去する回路が用いられた。この研究では高品質のステレオヘッドホンによる再生ではなく，スピーカ再生を採用した。その理由は次のように述べられている。知覚された音響空間あるいは音に囲まれている感覚を適切に作り出すことが必要であり，ヘッドホン受聴では難しいとされていたためである。また，スピーカ再生ならば耳道が適切に自由音場結合状態にあり，評価者が頭を水平方向に回転させるとき，知覚された音響空間が不変であることも考慮したためである。

　一方，聴き手本人の両耳信号をプローブマイクロホンで収音しておき，適切

に等化して両耳信号を生成すれば，ヘッドホン再生においても忠実な再生ができることが知られている。しかし，録音に使うダミーヘッドの頭部，耳介などの寸法が聴き手のものと異なる場合には再生時の聴き手の両耳信号を本人自身での収音時のものと同一にできないため，スピーカ再生方式でも問題点は残り，またヘッドホン再生では**頭内定位**が生じやすいことも知られている。

さて，ここで，空間音響収録のために，ダミーヘッドを用いて収録するとして，収録用マイクロホンをもつダミーヘッドはどのようなものであるべきかについて考えよう。このためには再生系に少し立ち入る必要がある。

まず，収音音場にいる聴き手の両耳信号が，図3.9（b）のように，耳道内 $x=m$ で，既知で利用できるとしよう。次に，**図3.14**に示すように，収録用ダミーヘッドの耳道内 $x=m$ に設置された収音マイクロホンによる両耳マイク信号はヘッドホン（あるいはイヤホン）を用いて，聴き手の両耳へ再生するものとする。両耳マイク信号は，それぞれ**等化器**（equalizer）を通してヘッドホン（あるいはイヤホン）に供給する。収音時および再生時の聴き手の両耳信号を一致させるための等化器の満たすべき条件は，3.1.4項で述べた耳道内 $x=m$ でのテブナン音圧およびテブナン音響インピーダンスの考え方を用いて，その議論が展開されている[2]。その結果を簡潔に述べる。

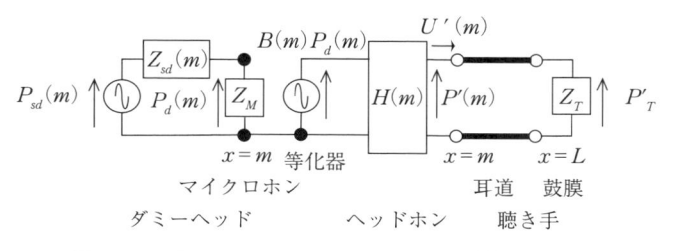

図3.14 ダミーヘッドステレオフォニーの等価回路表示

聴き手の，およびダミーヘッド収音マイクロホン取り付け位置の，耳道内 $x=m$ でのテブナン音圧を，それぞれ $P_s(m)$，$P_{sd}(m)$，テブナン音響インピーダンスを，それぞれ $Z_s(m)$，$Z_{sd}(m)$，および収音音圧を，それぞれ $P(m)$，$P_d(m)$，負荷音響インピーダンスを，それぞれ $Z_L(m)$，$Z_M(m)$，と表す。さ

らに等化器を，電圧対音圧比特性 $B(m)$ をもつ従属電源 $B(m)P_d(m)$ で表すとしよう。

等化器特性 $B(m)$ は，聴き手の，収音音場での耳道 $x=m$ における音圧 $P(m)$ と，再生時の $P'(m)$ とを等しいとおき，式 (3.36) のように求まる。

$$B(m)=\begin{cases} B_0(m) & (C_{ps}(m)=1) \\ B_0(m)C_{ps}(m) & (C_{ps}(m)\neq 1) \end{cases} \quad (3.36)$$

ただし，$C_{ps}(m)=P_s(m)/P_{sd}(m)$ は，聴き手およびダミーヘッドの耳道位置 $x=m$ でのテブナン音圧の比であり，$C_{ps}(m)\neq 1$ ならば到来音方向（DOA）に依存する。また，聴き手耳道 $x=m$ での負荷音響インピーダンスは，$Z_L(m)=P(m)/U(m)=P'(m)/U'(m)$ と表される。さらに

$$B_0(m)=\frac{1+Z_{sd}(m)/Z_M(m)}{1+Z_s(m)/Z_L(m)}(h_{11}+h_{12}/Z_L(m)) \quad (3.37)$$

$$Z_L(m)=\frac{\cosh\gamma L_E+(Z_c/Z_T)\sinh\gamma L_E}{(1/Z_c)\sinh\gamma L_E+(1/Z_T)\cosh\gamma L_E}$$

$$L_E=L-m$$

であり，γ は伝搬定数，Z_c は1次元の一様音響伝送路の特性インピーダンス，h_{11}，h_{12} は，ヘッドホンを電気音響四端子回路として縦続行列，$H(m)$ で表現したときの1行1列および1行2列の要素である。この $B_0(m)$ は，入射音に対する方向依存性をまったくもたないことに注意してほしい。

ダミーヘッドステレオフォニーシステムでは，方向検知機能がなくわずか2チャネルで任意の音場を再生しようとする。そのためには，音の入射方向に依存しない等化器設計が必要である。したがって，特定の聴き手に対して等化器の特性が入射音の方向によらずに一定であるための条件は，次の場合にのみ実現できる。それはダミーヘッドの形（ダミーヘッド自身の頭部および，耳介部，耳道（入口より $x=m$ まで））が，聴き手の頭の形（聴き手の頭部，耳介部および耳道 $x=m$ の位置に至るまで）と同一に複製されるときである。ただし，ダミーヘッド作製時に耳道全体および鼓膜インピーダンスをそっくりに再現する必要はない。すなわち，$C_{ps}(m)=1$ および $Z_s(m)=Z_{sd}(m)$ を満たすダ

ミーヘッドで収音された信号は，入射音の方向に依存しない特性を有する等化器 $B_0(m)$ を経てヘッドホンにより再生され，聴き手に必要な両耳信号となる。

ダミーヘッドの形状が聴き手と異なる場合には $C_{ps}(m) \neq 1$ となるが，形状の違いがテブナン音圧およびテブナン音響インピーダンスに及ぼす影響の例は，球および扁平回転楕円体の頭で調査されている[6]。

なお，ダミーヘッドステレオフォニーを含む，空間音響に関連する多くの研究成果は Blauert の著書や訳書に詳しい[3, 18]〜[20]。英語版[19]では第4章に1972年以降の進展と傾向が追加され，さらに1997年の改訂版[3]には1982年以降の進展と傾向が第5章として追加されている。

3.2.3　標準化ダミーヘッドでの収録

まず，単純化した例として球状頭（球バフル）を図3.15（a）に示す（3.2.4項）。球の半径 $a=8.84\,\mathrm{cm}$ で作製した。これは，球の大円の周長が，日本人青年男子807名の生体計測結果[21]の頭周長平均に等しくなる場合の大円半径にあたる。水平大円の直径両端位置の球表面にマイクロホン面が出るように埋め込み，マイクロホン信号は支持スタンドの内部を経て低部で外部へ取り出せる。

市販されているダミーヘッドは，形状や用途に応じて，**dummy head**, **manikin** とか，**HATS**（head and torso simulator）などと区別して呼ばれている。ここでは総称してダミーヘッドと呼ぶこととする。市販されているものは今や Web 上で検索可能でありその写真や関連情報なども入手できる。これらのダミーヘッドは，マイクロホンを実装しているので，実際の空間に持ち込んで収録に用いることが容易である。さらに，仕様が明らかになっていて広く市販されているダミーヘッドで収録・測定などを行えば，他のグループの研究者・技術者にとってもその結果の比較や検討が行いやすいし考察しやすい。また，副次的なダミーヘッド利用として，実験参加協力者を対象にした音響計測時にダミーヘッドでも同じ計測を行っておくことがしばしば行われており，その結果の比較・検討上，有益である。

〔1〕 **KEMAR Manikin**　　補聴器や関連する音響研究のために開発されたマネキンにBurkhardとSachsによる，KEMAR（Knowels Electronics manikin for acoustic research）がある[22]。成人の中央値的な寸法をもたせ，耳道や鼓膜部はZwislockiによる**Earlike Coupler**[23]に適合しており，補聴器を装着した状態でのシミュレーションができる。現在，GRAS社のWeb（http://www.gras.dk/）でANSI S3.36/ASA58-1985に適合したKEMAR Manikin Type 45BMや，1975年KEMARなどの技術的な関連情報・資料も入手可能である。その中には，Manikin Measurementsと題した資料も含む。

〔2〕 **AACHEN Head**　　人の頭部と肩上部の形状を数学的に記述可能となるようにモデル化して作られたダミーヘッドで，その耳介部は人の外耳の音響的に関連した全部分の再現を図っている。HEAD acoustics社のWeb（http://www.head-acoustics.de/）で，Artificial Head System HMS IVなどの技術的な関連情報・資料も入手可能である。

〔3〕 **HATS（head and torso simulator）**　　マウスシミュレータおよび較正されたイヤーシミュレータ（IEC 60318.4/ITU-T Rec. P.57 Type 3.3）が組み込まれたもので，その形状は成人の頭部と胴部の平均データに基づいたマネキンである。種々の電気通信オーディオ機器の電気音響的な機器試験が行える。B＆K社のWeb（http://www.bksv.com/）で，HATS Type 4128などの技術的な関連情報・資料も入手可能である。

〔4〕 **The KU 100 dummy head**　　バイノーラルステレオマイクロホンで，人の頭部に似せてデザインされた形状をもち，耳にマイクロホンカプセルを組み込んだものである。音圧変換器は**diffuse field**に等化されている。Neumann社のWeb（http://www.neumann.com/）で，The KU 100 dummy headや，その前身であるKU-80（Dec., 1975），KU-81（Aug., 1982）などの技術的な関連情報・資料も入手可能である。

なお，人やダミーヘッドでの音響計測に関する技術的な関連情報・資料の紹介などは，1994年に出版されたD.R.Begaultの著書[24]にも，Virtual Realityお

よび Multimedia のための 3D SOUND 導入やシステム実装に関して取り上げられている。また，文献 25) は，ダミーヘッド形状の記述，市販ダミーヘッドの寸法と生体計測統計値との比較，典型ダミーヘッドあるいは標準ダミーヘッドの形状・寸法の決定法などについてふれている。その他，人の頭部および耳介部の三次元的な形状を数値的に記述できる方法として，**3次元計測法**が提案されている[26)～29)]。

3.2.4　特定の人から型取り製作したダミーヘッドでの収録

　研究者本人が，ダミーヘッドではどのように聴こえるのかを聴きたいという欲求で，実際に石膏型取りのモデルになってできあがったダミーヘッドなどがこの部類に入る。このようなダミーヘッドは，特定の人の頭部・耳介部形状と同じ形状をもたせることが可能となり，したがって，聴き手となる本人には特に望ましい収録条件を与えるものとなる。耳道入口あるいは入口より内側へ入った耳道内で収録し，バイノーラルステレオフォニー研究に利用されてきた。

　図 3.15（b）に，九州芸術工科大学（現在，九州大学と統合）芸術工学部工作工房の協力を得て作製されたダミーヘッド FuDH2 の写真を示した。なお，その後，床方向からの DOA に対応させるため型取り修正を加え，腰部までの

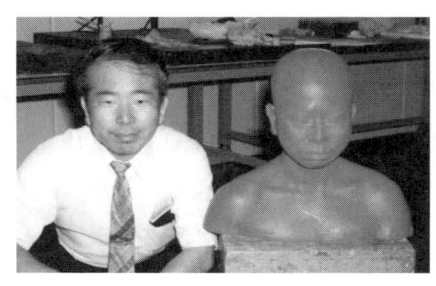

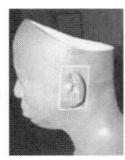

　　　（a）　球状頭　　　　　　　（b）　ダミーヘッド FuDH2

図 3.15　九州芸術工科大学（現在，九州大学と統合）芸術工学部作製のダミーヘッド例

胴体をもつ FuDH3 となっている。特定の人から型取り製作するダミーヘッドは，型取り技術に熟達した方の協力を得て，初めて実現できる。本人への事前説明と準備が行われ，保護すべき箇所（目，耳道内奥（鼓膜への），鼻腔および毛髪）には必要な保護処置がとられ，呼吸の確保を確実にする手立てがとられる。

　石膏による型取り作業は，まず頭部全体をいくつかの「必ず抜くことができる」ような部分に分割しながら，順番に型取りされる。引き抜くことができない原因は，一部を囲い込むようにしてしまったときに生じるので，抜き勾配を施しながら型取りを進める。型取り部分が互いに接する境界面にあたる部分には石膏の離型剤である「カリせっけん液」が塗られ，後でそれぞれを確実に分離できる工夫が必要である。時間のかかる慎重な型取り作業の末，石膏の固まるのを待つ。石膏に覆われて鼻でのみ外界に通じていた状態から，1つ1つと，各部分が外されて，無事「生還（解放感と感謝の気持ちで）」できる。型取りしたものを基に雌型が作られ，ダミーヘッド用の型材を注入または積層し一定の厚みに仕上げ，硬化後，雌型から取り外して，特定の人から型取りしたダミーヘッドができあがる。頭頂部近くから後頭部にかけて頭の一部を取り外せるようにしてある。そこから耳道入口あるいは耳道内にマイクロホンを挿入設置し，あるいは取り外せる。また耳介部分は取り外し可能なように，はめ込み型で，かつ，ねじ止めで隙間を作らないような工夫を施す。ダミーヘッドの底部にはマイクロホン信号線取出し部と，支持スタンド取付け口をつける。

3.3　実　頭　収　録

　読者が自ら聴いて結果を検討したり，新たに取り組んだりしたい場合，自分の耳へ届く音を耳道内で収録する方法がある。**実頭（リアルヘッド）**収録では，左右2系統のマイクロホン（耳道内径よりマイクロホン径の小さなもの），マイクアンプ（2系統）を用意し，耳道入口あるいは耳道入口より数 mm 入った位置に，マイクロホンの収音位置を定めて，左右同時録音する。そのとき，

左右 2 チャネルの信号入力を同時に A-D 変換して PCM オーディオ形式の 2 チャネル（ステレオ）形式の wave ファイル化可能なオーディオインタフェースとソフトウェアを用意する必要がある。作製された wave ファイルを再生し，インナーイヤータイプのレシーバで聴けば，耳道内でその収録点と再生点はほぼ近い位置にとれる。

3.3.1 実頭での頭部インパルス応答の測定（無響室）

頭部インパルス応答は，空間においた音源から聴き手の耳へ届く音の伝達経路の伝達関数の時間領域表現に相当する。ここでは空間として無響室を使う。音源用の電気信号は「小型スピーカボックスに収められた小さなスピーカ」に送り込まれ，無響室内へと音を放射する。無響室内にいる聴き手の耳へ音信号が届く。この場合の伝達系は，入力端として「スピーカの電気信号入力端」を，出力端として「マイクロホンの電気出力端」をもつものとして考えてみよう（したがって，この伝達系には，スピーカボックスの物体としてのサイズと聴き手，本人の物体サイズとが音伝搬に関して相互作用を起こす結果も含まれてしまうことになる）。

さて，音源駆動用の電気信号として**単位インパルス** $\delta(n)$ を入れて，この伝達系の単位インパルス応答 $h(n)$ を得たとする。実際のディジタル測定では，適切な長さの TSP 信号や適切な長さを周期にもつ M 系列信号などを用いて系を駆動し，**単位インパルス応答** $h(n)$ を求める手法がとられる。空間に配置されるスピーカが，聴き手の両耳の中点に定義した座標系に対してもつ位置ベクトルの方向から DOA（到来方向角）を定め，DOA ごとの単位インパルス応答 $h_{DOA}(n)$ を求めればよい。測定で得た $h_{DOA}(n)$ と提示信号とを畳込んで，提示用音信号 wave ファイルを収録・作成する。インナーイヤータイプのレシーバで，聴き手は，その再生音を聴いて，結果をいろいろと検討することができる。

図 3.16 は，連続測定法と SSC（サーボモータ駆動の回転椅子）[30]〜[35] を用いて，頭部インパルス応答の高速測定を行っている（無響室内）写真を示す。さ

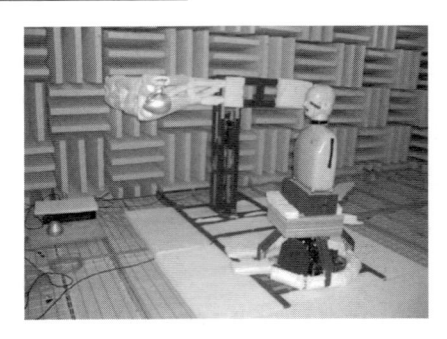

図 3.16 頭部インパルス応答高速測定システム（連続測定法と SSC-ELV-system）で HATS を計測

らに，スピーカの仰角制御装置も開発して計測時間の短縮化を図っている[36),37)]。

これらは，本人の HRTF 利用促進のための負担の少ない HRTF 計測法の実現を目指して行われた。適切な周期の M 系列信号を放射し，同時に水平面内で被測定者本人の向きを等速で回転させながら HRTF 計測を行い，HRTF 計測の問題点の改善を図れることを示したものである。モデルシミュレーション，ダミーヘッド実験，SSC 1 号機，2 号機，3 号機の製作と実験を行い，スピーカ仰角制御アーム（ELVs）を完成させ SSC-ELV-system を PC 制御して計測できるようになり，その結果，仰角 5° 間隔，-50° から 90° までの 29 仰角方向に対する全方位の連続測定が正味 1 時間で可能となっている（この一連の流れについては文献 38) に記述）。M 系列信号の性質などに関しては文献 39)～42) などを参照してほしい。

3.3.2 実頭での頭部インパルス応答の測定と収録（有響室）

空間として反射のある室内を使い，3.3.1 項と同様に，この場合の伝達系は入力端として「スピーカの電気信号入力端」を，出力端として「マイクロホンの電気出力端」をもつものと考える。頭部インパルス応答計測には TSP 信号を用意して計測し，聴き手となるべき本人の実頭での頭部インパルス応答を得

ておく．得られた単位インパルス応答 $h_{DOA}(n)$ は，その長さの前部に直接音に由来する応答を，後部にかけて反射音に由来する応答を示す．

福留と竹谷は，次に示すような提示音 wave ファイルを収録・作製し，聴取実験を行った[43]．まず，反射のある空間として一般の有響室を使い，**図 3.17** に示すように，まず自分の実頭での頭部インパルス応答 $h_{DOA}(n)$ を，水平面内 30°間隔の DOA で計測してもらった．次に，矢野ら[44]の反射波後半の零づめ法と同様な方法で，この $h_{DOA}(n)$ を用いて，応答長の後半部を先頭部へ向かって，例えば M サンプルずつを単に切り捨てる方法で，徐々に後半部が欠けた頭部インパルス応答 $h_{DOA}^{L-m*M}(n)$（ここに，$m = 0 : (J-1)$）の J 組のものを用意する．ここで，$m = J-1$ 番目のものは直接音由来の応答のみの成分に相当するように作る．DOA を固定した J 個のインパルス応答に含まれる直接音由来の応答成分はどの場合でも同一のものとなっていることに注意しよう．同じ m 回の切捨てのインパルス応答を，DOA 順に用いて，朗読音声を無音区間にあわせて 7 分割した各音声信号と畳込んで，7 方向で立ち止まって話しながら最初の方向へ一巡するかたちで収録作製し，切捨てごとに wave ファイル化した．これら 7 個の wave ファイルを再生し聴いたところ，次のような結果を得た．どの再生結果も頭外に定位した．切り捨てないときの定位位置は，腕をまっすぐ伸ばして指先でさわろうとしてみると，指先よりも先のほうに定位

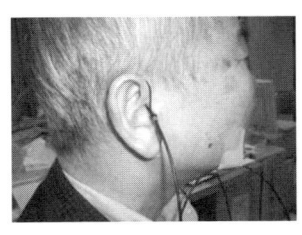

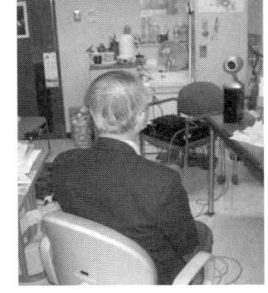

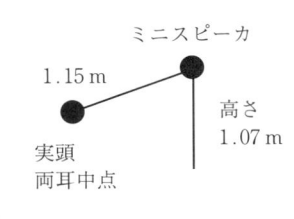

（a）マイクロホン挿入固定　　　　　（b）測定配置

図 3.17 反射のある空間（有響室）での頭部インパルス応答測定

していると感じた。切捨て回数が増えていくと，定位距離は順に頭に近づいた。また，最も多い切捨て回数の場合は，頭表面付近へ近づくが頭外に定位していることがわかり，これは無響室収録で経験する定位距離ほどであった。この結果を考察すると，自分の頭部インパルス応答が使えれば，実験的にいろいろな試みが行える。しかもきちんと頭外に定位した音像を感じながら空間音響学の研究に取り組める。

本項では実頭での頭部インパルス応答の測定・収録活用のきっかけを提示した。

3.4 マルチマイクロホン収録

3.2節および3.3節では，空間音響収録を聴き手の立場で考えてきた。両耳へ届く耳入力信号を適切に，聴き手へ届けるための空間音響収録を意識したからである。本節では，それに加えて，音場全体にわたった情報を抽出し再生系へ渡すことを考える。そのため，まず3.4.1項では，空間において躍動する音波を観察するにはどうするかから始めたい。続いて，3.4.2項では音場空間からその一部空間を丸ごと収録する原理について確認する[45]~[48]。そして，1980年代後半に提案され，盛んに研究されてきた **wave field synthesis**（WFS）[49]~[54] にふれる形でマルチマイクロホン収録を取り上げる。

3.4.1 空間内の音波を観察・収録するには

聞けばわかるとはいうものの，空間での音の様子を直接詳細に観察することは難しい。観察する範囲が狭く，しかも鳴らす音をある程度選択できるならば，次のような例で観察できることはよく知られている。

① 壁から数m離した位置で，スピーカから壁に向けて垂直に正弦音波を放射して，その向かい合った空間を歩きながら聞けば，定在波ができていることを観察できる。

② **クント管**（横たわらせた長さ1m程度の透明な円筒パイプ）に，コルク粉を薄く散布しておく。一方の管端は剛栓で閉じて，他端から正弦音

波を送り，その音の周波数を変えていく。管内が共鳴するとコルク粉が激しく動き，その粉の動きとパターンから共鳴と定在波が生じた状態での管内の様子を目で観察でき，考察も可能である。

③ 小型エレクトレットマイクロホンの出力端子をマイクアンプ付きスピーカに接続しておき，1 l 程度の容積のガラス空瓶に，ゆっくりとマイクロホンを差し入れるとハウリングを起こせる。その起こりかけたあたりから，瓶入口付近へ手をかざすと，共鳴した激しい空気の動き・振動が手に感じとれる。

関心のある音響空間内に生じている音場の様子の観察はどうであろう。多数のマイクロホンを持ち込み，同時収録しながら，計測された信号は蓄積されていく。しかし，収録信号からその音響空間の音場を再現できるには，収録信号を再生する方法と結びついた，理論的な支持が必要であろう。3.4.2項では，**グリーンの公式**から出発して，閉曲面 S で囲んだ空間を対象に，空間を探る関数を使って，できあがる理論を取り上げる。

3.4.2 音場空間から一部の空間を丸ごと収録する原理

ここでは式 (3.38) に示すグリーンの公式を出発点として，音場空間から一部の空間を丸ごと収録する原理[45]〜[48]を確認し，観察・収録準備にいかすことを考える。ただし，空間 V，閉曲面 S，内向き法線ベクトル $\boldsymbol{n}$ などは，**図3.18** に示す。

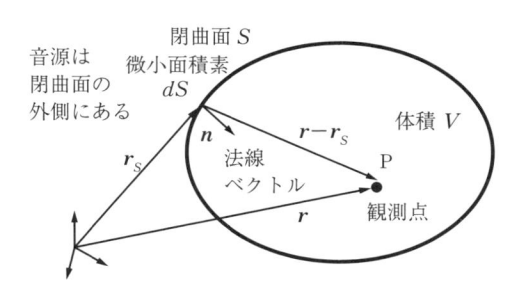

図3.18 音場空間収録のための閉曲面定義と座標系

$$\iiint_V (U\nabla^2 U_1 - U_1 \nabla^2 U) dV = -\iint_S \left(U\frac{\partial U_1}{\partial n} - U_1 \frac{\partial U}{\partial n} \right) dS \qquad (3.38)$$

また，関数 U, U_1 は，閉曲面 S 上，および内部で1次および2次の偏微分をもつとする。また，求めたい波動関数 $u(x, y, z, t)$ は，時間因子 $e^{j\omega t}$ をもち，$u(x,y,z,t) = \mathrm{Re}\{U(x,y,z)e^{j\omega t}\}$ と表現できるものとする。$\omega = ck$ で，c は空気中の音速，k は**位相定数**である。このとき，U は**ヘルムホルツ方程式**を式 (3.39) のように満たし，もう1つの関数 U_1 は同じくヘルムホルツ方程式を式 (3.40) のように満たすが，まだ任意性をもつ特殊解であるとしておく。

$$\nabla^2 U + k^2 U = 0 \qquad (3.39)$$

$$\nabla^2 U_1 + k^2 U_1 = 0 \qquad (3.40)$$

式 (3.38) の左辺の被積分関数 $(U\nabla^2 U_1 - U_1 \nabla^2 U)$ は式 (3.39) および (3.40) を代入すると

$$U\nabla^2 U_1 - U_1 \nabla^2 U = (-k^2 U_1)U - (-k^2 U)U_1 = 0$$

となるので，式 (3.38) の左辺の体積積分は零となる。したがって，式 (3.38) はこの体積積分が零の条件下で式 (3.41) を与える。

$$\iint_S \left(U\frac{\partial U_1}{\partial n} - U_1 \frac{\partial U}{\partial n} \right) dS = 0 \qquad (3.41)$$

式 (3.41) のままでは，U_1 も未知であるので，U を求めることはできない。そこで，V の内部すなわち，閉曲面 S 内の音場を探る関数として U_1 を与える[45]。式 (3.40) を満たす特殊解として，点音源の関数形，$e^{-jks}/(4\pi s)$ を考える。ここに，s は点音源の中心からの距離を表す。観測点 P の周りから音場を探れるよう観測点 P から閉曲面 S へ向う距離を s としよう。$U_1 = e^{-jks}/(4\pi s)$ は，ヘルムホルツ方程式の解ではあるが，観測点 P ($s=0$) では U_1 の値が無限大となるので，式 (3.41) を得るための条件であった，体積積分が零の条件をこのままでは点 P では満たさないことになる。そこで，工夫が必要であり，$U_1 = e^{-jks}/(4\pi s) + \phi_0(s)$ とおく。この $\phi_0(s)$ は，閉曲面内では解析的で有限で，結果的には積分への寄与は無視できるとする[46]。点 P の周りを小球で（半径 $\varepsilon \to 0$）囲み，さらに，この小球と閉曲面 S との間を，（関数論でよく行わ

3.4 マルチマイクロホン収録

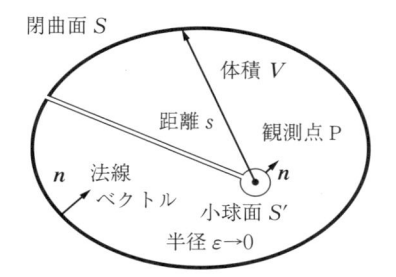

図3.19 ヘルムホルツ-キルヒホッフの積分定理
導出のための閉空間（閉曲面 S および小球面 S'）

れるように，図3.19参照）無限に狭いチャネルで接続して，体積分の対象から除外しておく．

この操作で体積分が零の条件は満たされ，同時に面積分の対象の閉曲面は $S+S'$（小球面）となる．したがって，式 (3.41) は，式 (3.42) のように書ける．なお，両辺から $1/(4\pi)$ は消えることに注意する．

$$\iint_S \left\{ U \frac{\partial}{\partial n} \frac{e^{-jks}}{s} - \frac{e^{-jks}}{s} \frac{\partial U}{\partial n} \right\} dS = -\iint_{S'} \left\{ U \frac{\partial}{\partial n} \frac{e^{-jks}}{s} - \frac{e^{-jks}}{s} \frac{\partial U}{\partial n} \right\} dS' \tag{3.42}$$

小球面 S' 上の面積分により得られる，式 (3.42) の右辺全体の値は，計算をコラム2のように進めると，その値が $4\pi U(0)$ と求まる．

コラム2

小球面 S' 上の面積分により得られる式 (3.42) の右辺全体の値の導出過程

式 (3.42) の右辺の S' 上の面積分を行う際，小球の半径 ε を使えば，次の関係があることを利用する．

すなわち

$$s = \varepsilon, \quad \frac{\partial}{\partial n} = \frac{\partial}{\partial s},$$

$$\frac{\partial}{\partial n} e^{-jks}/s = \frac{\partial}{\partial \varepsilon} e^{-jk\varepsilon}/\varepsilon = (-1/\varepsilon)\{jk + (1/\varepsilon)\}e^{-jk\varepsilon}, \quad dS' = \varepsilon^2 d\Omega$$

である．ここで，Ω は立体角である．

さらに，U は閉曲面 S 上および内部で1次および2次の偏微分をもつとしたので，もちろん S' 上でも同様であることを考慮すれば，次式となる．

$$-\iint_{S'}\left\{U\frac{\partial}{\partial n}\frac{e^{-jks}}{s}-\frac{e^{-jks}}{s}\frac{\partial U}{\partial n}\right\}dS'$$

$$=-\lim_{\varepsilon\to 0}\iint_{S'}\left\{U\left\{\frac{-1}{\varepsilon}\right\}\left(jk+\frac{1}{\varepsilon}\right)e^{-jk\varepsilon}-\frac{e^{-jk\varepsilon}}{\varepsilon}\frac{\partial U}{\partial \varepsilon}\right\}\varepsilon^2 d\Omega$$

$$=-\lim_{\varepsilon\to 0}\iint_{S'}\left\{-U-\varepsilon\frac{\partial U}{\partial \varepsilon}\right\}e^{-jk\varepsilon}d\Omega$$

$$=4\pi U(0)$$

したがって，観測点 P における U の値，$U(0)$ は式 (3.43) で与えられる。これは**ヘルムホルツ–キルヒホッフの積分定理**と呼ばれる。

$$U(0)=\frac{1}{4\pi}\iint_S\left\{U\frac{\partial}{\partial n}\frac{e^{-jks}}{s}-\frac{e^{-jks}}{s}\frac{\partial U}{\partial n}\right\}dS \tag{3.43}$$

式 (3.43) の数学的意味は，音源を内部に含まぬように閉曲面 S で囲まれた空間内の観測点 P における U の値，すなわち $U(0)$ は，もし，S 面上での U と $\dfrac{\partial U}{\partial n}$ との値を何らかの方法で知ることができれば，式 (3.43) から求まることを示している。

ここで，音響学的意味も考える。まず，関数 $e^{-jks}/(4\pi s)$ と $\dfrac{\partial}{\partial n}(e^{-jks}/(4\pi s))$ の音響学的意味を確認する必要がある。関数 $e^{-jks}/(4\pi s)$ については，すでに点音源の関数形であると述べた。いわゆる強さ $Q=1$ の点音源から距離 s の点へ放射される音圧（あるいは速度ポテンシャル）を表す。もう 1 つの関数は，点音源の関数形の n による偏微分であることを示している。閉曲面 S の法線方向（内向きベクトル $\boldsymbol{n}$）の偏微分は，一般に $\dfrac{\partial \phi(s)}{\partial n}=\dfrac{\partial \phi(s)}{\partial s}\dfrac{\partial s}{\partial n}$ の関係があるので，関数 $\dfrac{\partial \phi(s)}{\partial s}$ の音響学的意味と $\dfrac{\partial s}{\partial n}$ の音響学的意味とに分けて考えよう。まず，関数 $\dfrac{\partial}{\partial s}(e^{-jks}/(4\pi s))$ は

$$\frac{\partial}{\partial s}\frac{e^{-jks}}{4\pi s}=\lim_{d\to 0}\frac{1}{d}\left(\frac{e^{-jk\{s+(d/2)\}}}{4\pi\{s+(d/2)\}}-\frac{e^{-jk\{s-(d/2)\}}}{4\pi\{s-(d/2)\}}\right) \tag{3.44}$$

の形で眺めると，強さ $(1/d)$ の 2 つの正負の点音源が d の間隔で近接しているとき，それぞれから距離 $s+(d/2)$ および距離 $s-(d/2)$ の点に，つまり 2 つの点音源の中点から距離 s の点に生じる音場の $d\to 0$ の極限値だと予想でき

る。これをもとに，$\frac{\partial}{\partial n}(e^{-jks}/(4\pi s))$ の音響学的意味を，コラム3で具体的に解析している。一方，関数 $\frac{\partial s}{\partial n}$ の音響学的意味も，同じくコラム3の中で判明する。数学的には，ベクトル s とベクトル n とのなす角（例えば θ と書けば）の方向余弦 $\cos\theta$ を表すことだけをまず述べておく。

さて，コラム3の解析の結果から，法線方向ベクトル n の方向に $+Q$，$-Q$ の順序で間隔 d の近接した正負二重音源から（その中点から）距離 s の点への放射を表す関係式が，$d \to 0$ のとき，式 (3.45) として得られる。この式が注目した関数の物理的な意味を説明する。

$$Q\frac{e^{-jks_1}}{4\pi s_1} + (-Q)\frac{e^{-jks_2}}{4\pi s_2} = \mu\frac{\partial}{\partial s}\left(\frac{e^{-jks}}{4\pi s}\right)\cos\theta \tag{3.45}$$

コラム3 関数 $\frac{\partial}{\partial n}\left(\frac{e^{-jks}}{4\pi s}\right)$ の音響学的意味の解析

図1を参照して，点Pを囲む閉曲面 S 上のある点Cでの内向き法線方向ベクトル n を意識する。

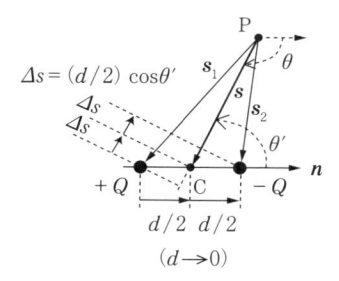

図1 法線ベクトル方向に近接した正負の二重音源からの音放射

法線方向ベクトル n の方向に $+Q$，$-Q$ の順序で近接した正負の2つの点音源が，距離 d の間隔で配置されている。その中点から距離 s の点Pへ放射される音場を調べよう。点Pから $(+Q)$ 点へのベクトルを s_1 で，点Pから $(-Q)$ 点へのベクトルを s_2 で表す。また，$\angle$PC$(-Q) = \theta'$ と表せば，ベクトル s とベクトル n とのなす角 θ の方向余弦は，$\cos(\theta) = \cos(s, n) = \cos(\pi - \theta') = -\cos\theta'$ の関係がある。ここで，$d \to 0$ のとき，ベクトル $(d/2)\cos\theta'$ をベクトル Δs と表せば，ベクトル Δs の向きに注意して，$s_1 + \Delta s \approx s$ および $s_2 - \Delta s \approx s$ と近似でき，したがって，$s_1 \approx s - \Delta s$ および $s_2 \approx s + \Delta s$ と近似できる。このとき，次式を得る。

$$\frac{e^{-jks_1}}{4\pi s_1} \approx \frac{e^{-jks}}{4\pi s} + \frac{\partial}{\partial s}\left(\frac{e^{-jks}}{4\pi s}\right)\left(-\frac{d}{2}\cos\theta'\right)$$

$$\frac{e^{-jks_2}}{4\pi s_2} \approx \frac{e^{-jks}}{4\pi s} + \frac{\partial}{\partial s}\left(\frac{e^{-jks}}{4\pi s}\right)\left(\frac{d}{2}\cos\theta'\right)$$

したがって，2つの正負の点音源によってできる音場は，$d \to 0$ のとき

$$Q\frac{e^{-jks_1}}{4\pi s_1} + (-Q)\frac{e^{-jks_2}}{4\pi s_2} = -(Qd)\frac{\partial}{\partial s}\left(\frac{e^{-jks}}{4\pi s}\right)\cos(\pi-\theta)$$

$$= \mu\frac{\partial}{\partial s}\left(\frac{e^{-jks}}{4\pi s}\right)\cos\theta$$

と求められた。ここに，$\mu = Qd$。なお，$d \to 0$ のとき，$Q \to \infty$ を許して $Qd = \mu$ となるようにしてある。この正負二重音源は**ダイポール音源**と呼ばれる。得られた式を観察すれば，ダイポール音源は μ，$\frac{\partial}{\partial s}(e^{-jks}/(4\pi s))$，および $\cos\theta$ の積として表現されている。したがって，$\frac{\partial}{\partial s}(e^{-jks}/(4\pi s))$ は，いわゆる強さ $\mu=1$ のダイポール音源を表すこと，さらに，ベクトル **n** と **s** とがなす角の方向余弦 $\cos\theta$ を乗じることによる指向性がついて放射され，点Pでの音場が生成されることを示している。ここで，$\frac{\partial}{\partial n}(e^{-jks}/(4\pi s)) = \frac{\partial}{\partial s}(e^{-jks}/(4\pi s))\cos\theta$ の関係を想起すること。

さて，関数 e^{-jks}/s と $\frac{\partial}{\partial n}(e^{-jks}/s)$ とがもつ音響学的意味を確認できたので式 (3.43) の音響学的意味を考えることができる。閉曲面 S 上の微小面積素 dS 上での UdS と $\frac{\partial U}{\partial n}dS$ の寄与は

$$U(0) = \frac{1}{4\pi}\iint_S \frac{\partial}{\partial n}\left(\frac{e^{-jks}}{s}\right)(UdS) + \frac{1}{4\pi}\iint_S \left(\frac{e^{-jks}}{s}\right)\left(-\frac{\partial U}{\partial n}dS\right) \quad (3.46)$$

と表せる。したがって，強さ $\mu = UdS$ のダイポール音源と，強さ $Q = \left(-\frac{\partial U}{\partial n}dS\right)$ の点音源とが，閉曲面上の dS に仮想的に存在していて，それぞれから距離 s の観測点Pに，$U(0)$ の音圧（あるいは速度ポテンシャル）の成分を生成していると解釈できる。すなわち，閉曲面 S 上で，U および $\frac{\partial U}{\partial n}$ が収録できるならば，対応する位置に置いたダイポール音源および点音源の特性をもつ電気音響変換器により音場の再生ができることを示唆している。マルチマイクロホン収録の立場で述べれば，収録には閉曲面 S 上での U および $\frac{\partial U}{\partial n}$ の値の計測が行えるマイクロホンシステムの設置が必要で，S の内側での計測は必要ないこと

3.4 マルチマイクロホン収録

を示している。

この節の最後に，音源を含む領域と含まない領域との境界面を，平面に設定する場合について，説明を追加しておく。これは 3.4.3 項に現れる。**図 3.20** および**図 3.21** に示すように，平面の背後は，半径無限大の半球面で閉じておく。この半球面からの積分への寄与は波動関数に，いわゆる **Sommerfeld infinity condition**[46) を仮定して無視できるとする。この無限大の「平面 + 半球面」内の音場を探る関数 U_1 を式 (3.47) と選ぶ[46)。

$$U_1 = \frac{e^{-jks}}{4\pi s} - \frac{e^{-jks'}}{4\pi s'} \tag{3.47}$$

図 3.20 小球面 S' 上での面積分にかかわる座標系

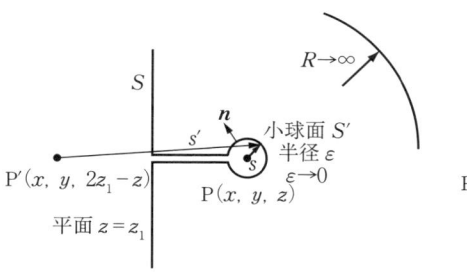

図 3.21 平面 S 上の面積分にかかわる座標系

U_1 の第 1 項の距離 s は観測点から積分境界面へ向けて測る。第 2 項の距離 s' は，境界平面に関しての点 P の鏡像点 P′ から測るものとする。

このとき第 1 項は積分境界面の内側，点 P ($s=0$) では無限大となるので，$s=0$ とその近傍は前述のように小球で囲んでさらに平面境界 S へ無限に狭いチャネルで接続して除外する。一方，第 2 項の $s'=0$ は積分境界面の外側にあるため支障はない。この U_1 を式 (3.41) に代入し，積分境界面が平面 S と小球面 S' とになっていることに注意して，式 (3.48) を得る（$1/(4\pi)$ は消える）。

$$\iint_S \left\{ U \frac{\partial}{\partial n}\left(\frac{e^{-jks}}{s} - \frac{e^{-jks'}}{s'}\right) - \left(\frac{e^{-jks}}{s} - \frac{e^{-jks'}}{s'}\right) \frac{\partial U}{\partial n} \right\} dS$$

$$= -\iint_{S'} \left\{ U \frac{\partial}{\partial n}\left(\frac{e^{-jks}}{s} - \frac{e^{-jks'}}{s'}\right) - \left(\frac{e^{-jks}}{s} - \frac{e^{-jks'}}{s'}\right) \frac{\partial U}{\partial n} \right\} dS' \tag{3.48}$$

式 (3.48) の計算展開では，境界平面を $z=z_1$ で表し，点 P の座標を P(x, y, z) とすれば，点 P′ の座標は，P′$(x, y, 2z_1-z)$ と表せることに注意する。さらに，式 (3.48) の右辺部の計算展開は，小球面 S' 上での面積分計算にかかわるので，図 3.20 に示すように，法線方向ベクトル $\boldsymbol{n}$ は小球の半径 ε 方向にあたること，左辺部の計算展開は，境界平面 S, $z=z_1$ 上での面積分にかかわるので，法線方向ベクトル $\boldsymbol{n}$ は z 軸方向の単位ベクトルにあたることに注意する。

まず，右辺部の小球面 S' にかかわる計算展開は，コラム 4 の結果から，その値は，$4\pi U(0)$ となることがわかる。

コラム 4

式 (3.48) の右辺：小球面 S' 上での面積分計算

式 (3.48) の右辺：小球面 S' 上での面積分計算であり，音場を探る関数の第 1 項は，すでにコラム 2 で計算の対象とした音場を探る関数と同一の関数であるので，第 1 項に関する右辺の計算は，$4\pi U(0)$ の値であることがわかっている。したがって第 2 項に関しての小球面 S' 上での面積分計算を考える。この第 2 項は小球面 S' 上およびその内側においても解析的であり，しかも小球半径 $\varepsilon \to 0$ のとき，$s'=2(z-z_1)$ であるから第 2 項は定数（$=-e^{-2jk(z-z_1)}/(2(z-z_1))$）となり，法線方向微分自体も値が零になるため面積分計算は，(定数の $4\pi\varepsilon^2$) $\to 0$ となり，結局，式 (3.48) の右辺：小球面 S' 上での面積分計算の値は，第 1 項による寄与分だけとなる，$4\pi U(0)$ の値に等しい。

したがって，式 (3.48) の左辺は，$4\pi U(0)$ の値に等しくなり，式 (3.49) と変形できる。

$$\iint_S \left\{ U\frac{\partial}{\partial n}\left(\frac{e^{-jks}}{s}-\frac{e^{-jks'}}{s'}\right) - \left(\frac{e^{-jks}}{s}-\frac{e^{-jks'}}{s'}\right)\frac{\partial U}{\partial n} \right\} dS = 4\pi U(0)$$

$$\iint_S U\frac{\partial}{\partial n}\left(\frac{e^{-jks}}{s}-\frac{e^{-jks'}}{s'}\right) dS - \iint_S \left(\frac{e^{-jks}}{s}-\frac{e^{-jks'}}{s'}\right)\frac{\partial U}{\partial n} dS = 4\pi U(0) \tag{3.49}$$

音場を探る関数の第 1 項は点 P からの距離 s の関数であり，また第 2 項は平面境界に関して点 P の鏡像点である点 P′ からの距離 s' の関数であるが，平面境界の面 S 上での面積分に関しては，ベクトル $\boldsymbol{s}$ とベクトル $\boldsymbol{s}'$ どうしはベク

トル長は等しく，面 S に関して対称なベクトルとなっている．そのため，$\dfrac{\partial s}{\partial n} = -\dfrac{\partial s'}{\partial n}$ の関係に注意して，式 (3.50)，式 (3.51) を得る（図 3.21 参照）．

$$\frac{e^{-jks}}{s} - \frac{e^{-jks'}}{s'} = 0 \tag{3.50}$$

$$\begin{aligned}\frac{\partial}{\partial n}\left(\frac{e^{-jks}}{s}\right) - \frac{\partial}{\partial n}\left(\frac{e^{-jks'}}{s'}\right) &= \frac{\partial}{\partial s}\left(\frac{e^{-jks}}{s}\right)\frac{\partial s}{\partial n} - \frac{\partial}{\partial s'}\left(\frac{e^{-jks'}}{s'}\right)\frac{\partial s'}{\partial n}\\ &= \frac{\partial}{\partial s}\left(\frac{e^{-jks}}{s}\right)\frac{\partial s}{\partial n} - \frac{\partial}{\partial s'}\left(\frac{e^{-jks'}}{s'}\right)\left(-\frac{\partial s}{\partial n}\right)\\ &= 2\frac{\partial}{\partial s}\left(\frac{e^{-jks}}{s}\right)\frac{\partial s}{\partial n}\end{aligned} \tag{3.51}$$

式 (3.50)，式 (3.51) を，式 (3.49) に代入すれば，左辺の後半部の積分が消え，前半部が s と s' に関する部分を統合して 2 倍になり（式 (3.52)），点 P における U の値 $U(0)$ を与える，式 (3.53) が得られる．

$$\iint_S 2U\frac{\partial}{\partial s}\left(\frac{e^{-jks}}{s}\right)\frac{\partial s}{\partial n}dS = 4\pi U(0) \tag{3.52}$$

$$U(0) = \frac{1}{2\pi}\iint_S U\frac{\partial}{\partial s}\left(\frac{e^{-jks}}{s}\right)\frac{\partial s}{\partial n}dS \tag{3.53}$$

以上，音源側との境界を仮想的に平面に選び，その囲まれた空間内の音場を探る関数として式 (3.47) を選ぶことにより，式 (3.53) を得た．境界平面上の U の値のみを何らかの方法で得ることができれば，観測点 P での U の値 $U(0)$ が式 (3.53) によって求まることが示された．なお，式中の被積分関数部分は，$U\dfrac{\partial}{\partial s}(e^{-jks}/s)\dfrac{\partial s}{\partial n} = U\dfrac{\partial}{\partial n}(e^{-jks}/s)$ と変形できることを示すのみにして，コラム 5 に示す 3.4.3 項への準備のための展開計算にとりかかる．

コラム 5

3.4.3 項への準備のための展開計算

ここで，式 (3.53) のダイポール特性部分を展開計算しておく．
$\dfrac{\partial}{\partial s}(e^{-jks}/s)\dfrac{\partial s}{\partial n}$ は，$\dfrac{\partial}{\partial s}(e^{-jks}/s)$ と $\dfrac{\partial s}{\partial n}$ とで個別に扱う．まず，ダイポール特性部分は，式 (1) と変形できる．

$$\frac{\partial}{\partial s}\left(\frac{e^{-jks}}{s}\right) = (-1)\frac{1+jks}{s^2}e^{-jks} \tag{1}$$

次に，$\dfrac{\partial s}{\partial n}$ の物理的意味を考えよう．いま，音源を含まない側に観測点を置き，音源側を仮想的な平面，$z=z_1$ で仕切っている（音源側は，$z<z_1$）場面に，ベクトル s および n は登場しているので，そこでの意味付けを考える．平面上の dS 部分の座標が例えば，(x_s, y_s, z_1) であるとして，そこへ観測点 P (x, y, z) から向うのがベクトル s である．一方，境界面 S で囲まれた空間への内向き法線ベクトル n は，$z=z_1$ 平面に垂直で z 軸方向を向く．このとき，$s^2 = (x_s-x)^2 + (y_s-y)^2 + (z_1-z)^2$ より，$2s\dfrac{\partial s}{\partial n} = 2s\dfrac{\partial s}{\partial z} = 2(z_1-z)(-1)$ を得て，$\dfrac{\partial s}{\partial n}$ は，式 (2) に分数の形で得られている．

$$\frac{\partial s}{\partial n} = \frac{z-z_1}{s} \tag{2}$$

これについて注釈を加える．分母はベクトル s の長さであって，分子はベクトル $(z-z_1)$ の長さで，ベクトル $(-s)$ の z 方向（内向き法線ベクトル n の向き）正射影成分にあたる．ベクトル s が境界平面へ向い，ベクトル $(z-z_1)$ が境界面での法線方向ベクトルの向きであるから，そのなす角度 θ は $\pi/2 \leq \theta < \pi$ で，その方向余弦は $\cos\theta \leq 0$ となる．ところで，非負の方向余弦 $\cos(\theta')$ をもつ角度 $\theta' = \pi - \theta$ は，ベクトル $(-s)$ とベクトル $(z-z_1)$ がなす角度か，あるいはベクトル s とベクトル (z_1-z) がなす角であることに気づくと，囲んだ境界面の法線方向の定義がどうなっていたか？　内向き，外向きのどちらであったか？，ヘルムホルツ–キルヒホッフ積分定理の適用の際，注意が必要である．3.2 節では，内向きを採用しているが，外向きに採用する論文や書物もある．法線方向ベクトルの定義が逆になれば，もちろん式 (2) は (-1) 倍されねばならない．

さて，式 (1)，(2) を式 (3.53) に代入して，$U(0)$ は式 (3) で与えられる．

$$U(0) = -\frac{z-z_1}{2\pi}\iint_S U\frac{1+jks}{s^3}e^{-jks}dS \tag{3}$$

ここで，点 P の位置ベクトルを r，平面 S 上の微小面積素 dS の位置ベクトルを r_S と書けば，点 P から平面 S 上の dS までの距離 s は $s = |r - r_S|$ と表せる．式 (3) を，ベクトル表記に対応した表現式として，式 (3.54) に示す．

$$U(r) = -\frac{z-z_1}{2\pi}\iint_S U(r_S)\frac{1+jk|r-r_S|}{|r-r_S|^3}e^{-jk|r-r_S|}dS \tag{3.54}$$

コラム5の式(3)あるいは(3.54)の数学的意味は，平面 S 上で U だけの値を知ることさえできれば，観測点 P における値がその式より求まることを示す。

3.4.3　wave field synthesis（波動場合成）とマルチマイクロホン収録

Berkhout は 1988 年に，室内音響と電気音響を振り返って，**acoustic holography** に基づく音場制御を提案した[49]。時々刻々の波面の特性を伴った直接波音場や反射波音場空間の再構成に焦点をあてた「holographic sound system：ACS」について述べている。1993 年に Berkhout らは[50]波面制御技術に基づく電気音響システムについて論じた。

その原理はヘルムホルツ-キルヒホッフの積分定理に基づいて，「音源」側と「収音・再生・聴き手」との側を仮想的な平面で仕切り，聴き手の位置での音場の表現定理（3.4.2 項の最後部参照）をもとに，WFS 理論を展開した。具体的には，境界面上で音場を収録し，ダイポール特性を有するスピーカアレイで再生することで，収録平面位置より後方（音源より遠ざかる方向）の任意の位置で，**波面合成**できるとした。

伊勢は 1997 年に，新しいアクティブ音場制御の原理を提案した[51]。原音場 R_m，再生音場 R'_m 両方内に，合同な領域（同じ形の領域 V と V'）を想定し，V を取り囲む閉曲面 S，V' の閉曲面 S' を定義するとき，S および S' 上の，それぞれの音圧と法線方向音圧勾配とが，たがいに等しければ，内部の領域も等しくなる再現条件を示した。そして再生音場のスピーカ配置問題が，閉曲面 S' への配置である必要はなく，R'_m 内の任意位置に配置されていてもよく，S および S' で，再現条件を満足できるように制御できればよいと指摘している。

Gauthier と Berry は[52] 2008 年に，adaptive wave field synthesis（AWFS，2005 年彼らの提案[53]）に基づいて，聴取位置の応答を補償するために限定した数の再生誤差検出センサを伴うアクティブ音場再現として，実験的に研究した。伝搬していく音場の再現を比較し，WFS よりも AWFS が優れていることを，3 つの空間（半無響室，標準的実験室空間（残響半径 1.4 m 以上），残響室（残響半径 0.45〜0.51 m））で示した。

3. 空間音響の収録

　Berkhout 提案からの 20 年間の 4 つの論文概略を述べたが，この間多くの研究が行われている。WFS はオープンループ型技術で，再生環境が"anechoic（無響の）"状態であることを仮定しているとして，実際の反射を伴う環境では，WFS の目標性能劣化が指摘されている。この再生環境補償の研究は，実際の空間での再現において音場再現のために本質的なことであって，客観的で物理的に測定可能な性能に基づいて取り組まれるであろう。その他，2004 年の Theile と Wittek[54] は，近い未来に多くの応用が可能になろうと述べ，魅力的な例として "An attractive example is synthesis of WFS and stereophony offering enhanced freedom in sound design as well as improved quality and more flexibility in practical playback situations for multi channel sound mixes," を挙げている。

　次に，前述の 2 つ目に紹介した，Berkhout ら（1993 年）の WFS による波面合成の仕組み[50] を解説しておきたい。再生環境に関して反射は生じないよう壁は完全吸音性として仮定されてはいるが，波面合成の仕組みを理解しておくことは興味深いと考える。

　まず，**図 3.22**（a）において，聴き手の位置での音場の表現定理を式 (3.55) に示す。平面，$z=z_1$（図中の面 S_1）で，1 次音源側と 1 次音源を含まない側とに，仮想的に仕切り，ヘルムホルツ-キルヒホッフの積分定理を適用し（音

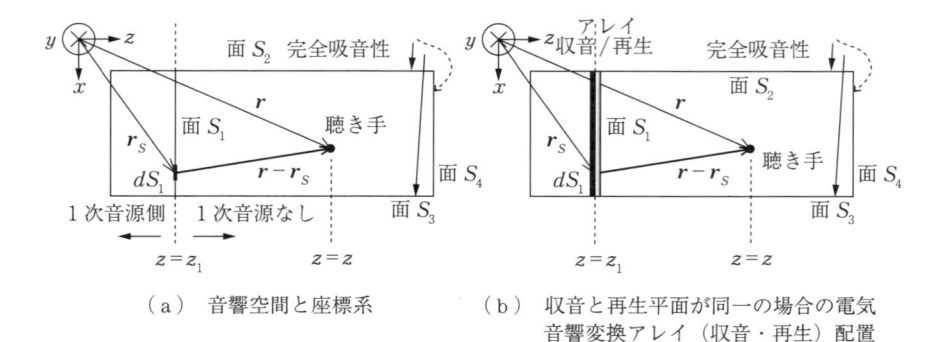

　　（a）音響空間と座標系　　（b）収音と再生平面が同一の場合の電気音響変換アレイ（収音・再生）配置

図 3.22　WFS 表現定理を得る際の音響空間と座標系

3.4 マルチマイクロホン収録

源を含まない側を探る関数に式 (3.47) を選んで，式 (3.54) の形の式となる。ただし，法線方向ベクトルの向きが異なり外向きなので式 (3.55) に合わせるには，式 (3.54) に (−1) を乗じること），聴き手の位置の複素音圧 $P(\boldsymbol{r}, \omega)$ を表現する，表現定理の式 (3.55) が得られる（ここでは，実際の音源を1次音源と呼ぶ）。

$$P(\boldsymbol{r},\omega) = \frac{|z-z_1|}{2\pi} \iint_S P(\boldsymbol{r}_S,\omega) \frac{1+jk|\boldsymbol{r}-\boldsymbol{r}_S|}{|\boldsymbol{r}-\boldsymbol{r}_S|^3} e^{-jk|\boldsymbol{r}-\boldsymbol{r}_S|} dS \tag{3.55}$$

ここに，$P(\boldsymbol{r}_S, \omega)$ は，1次音源によって生じた音場が，境界平面 S_1 の面積素 dS_1 の位置 $\boldsymbol{r}_S$ で示す複素音圧である。$|\boldsymbol{r}-\boldsymbol{r}_S|$ は面積素 dS_1 の位置 $\boldsymbol{r}_S$ と聴き手位置との間の距離である。位置 $\boldsymbol{r}_S$ の dS_1 上に生じている音圧，$P(\boldsymbol{r}_S, \omega)$ を収録しておけば聴き手位置の音圧 $P(\boldsymbol{r}, \omega)$ が式 (3.55) で求まることになる（再生の場合は，収録位置に対応した位置にダイポール特性の電気音響変換器を置いて，$P(\boldsymbol{r}_S, \omega)$ に依存して定まる強さで音放射すればよい）。なお，この式で，最初の $|z-z_1|$ の意味，$(1+jk|\boldsymbol{r}-\boldsymbol{r}_S|)/(|\boldsymbol{r}-\boldsymbol{r}_S|^3)$ については，コラム6を参照すること。

コラム6

式 (3.55) 中の，最初の $|z-z_1|$ の意味は？，$(1+jk|\boldsymbol{r}-\boldsymbol{r}_S|)/(|\boldsymbol{r}-\boldsymbol{r}_S|^3)$ は？

式 (3.55) の右辺で $P(\boldsymbol{r}_S, \omega)$ 以外を対象にして考える。$|z-z_1|/|\boldsymbol{r}-\boldsymbol{r}_S|$ と $(1+jk|\boldsymbol{r}-\boldsymbol{r}_S|)/(2\pi|\boldsymbol{r}-\boldsymbol{r}_S|^2) e^{-jk|\boldsymbol{r}-\boldsymbol{r}_S|}$ とに分解してみる。

まず

$$\frac{1+jk|\boldsymbol{r}-\boldsymbol{r}_S|}{2\pi|\boldsymbol{r}-\boldsymbol{r}_S|^2} e^{-jk|\boldsymbol{r}-\boldsymbol{r}_S|}$$

$$= -\frac{1}{2\pi}\left\{\left(\frac{-1}{|\boldsymbol{r}-\boldsymbol{r}_S|^2}\right) e^{-jk|\boldsymbol{r}-\boldsymbol{r}_S|} + \frac{1}{|\boldsymbol{r}-\boldsymbol{r}_S|}(-jk|\boldsymbol{r}-\boldsymbol{r}_S|) e^{-jk|\boldsymbol{r}-\boldsymbol{r}_S|}\right\}$$

$$= -\frac{2}{4\pi}\frac{\partial}{\partial|\boldsymbol{r}-\boldsymbol{r}_S|}\left(\frac{e^{-jk|\boldsymbol{r}-\boldsymbol{r}_S|}}{|\boldsymbol{r}-\boldsymbol{r}_S|}\right)$$

は，点音源関数の変数 $s(=|\boldsymbol{r}-\boldsymbol{r}_S|)$ による偏微分 $\dfrac{1}{4\pi}\dfrac{\partial}{\partial s}(e^{-jks}/s)$ と (-2) との積であることがわかる。この (-2) は，(-1) と 2 との積であると解釈する。3.4.2 項を参照されたい。(-1) は，法線方向の内，外向きの採用の違いによる。2 倍は，音場を探る関数の勾配が面 S_1 で 2 倍になることによる。

また，$|z-z_1|/|\boldsymbol{r}-\boldsymbol{r}_S|$ は，図 (a) で，聴き手位置から面 S_1 へ「引いた垂線の長さ」が $|z-z_1|$ かと気づけば，さらに聴き手位置が 1 つの頂点となる直角三角形を想像して，その頂角 ($\angle\alpha$) での，$\cos\alpha=|z-z_1|/|\boldsymbol{r}-\boldsymbol{r}_S|$ に相当することがわかる。したがって，聴き手方向は，面積素 dS_1 の法線方向（内向き）から角度 α ずれた方向となる。以上のことにより，右辺で $P(\boldsymbol{r}_S,\omega)$ 以外は，面積素 dS_1 上のダイポール特性 $(-2/(4\pi)\dfrac{\partial}{\partial s}(e^{-jks}/s))$ とその指向性特性に関わる $\cos\alpha=|z-z_1|/|\boldsymbol{r}-\boldsymbol{r}_S|$ との積を表していることがわかる。

実用にあたっては，式 (3.55) を平面 $z=z_1$ で離散化した式 (3.56) を基に出発する。

$$P(\boldsymbol{r},\omega)=|z-z_1|\left|\sum_n P(\boldsymbol{r}_n,\omega)\dfrac{1+jk|\boldsymbol{r}-\boldsymbol{r}_n|}{2\pi|\boldsymbol{r}-\boldsymbol{r}_n|^3}e^{-jk|\boldsymbol{r}-\boldsymbol{r}_n|}\Delta x\Delta y \quad (3.56)$$

ここに，n は平面 S_1 を $\Delta x \Delta y$ の小区画で離散化する際の小区画番号とする。($\Delta x \Delta y$ の切り方で，ある周波数を超えると**空間エイリアシング**が発生する）。境界平面 S_1 上には，収音用の電気音響変換アレイを置く。図 3.22（b）のように，収音と再生が同一平面となる場合には，式 (3.56) に基づく再生用電気音響変換アレイを用意すればよい。提案されている WFS では，再生用アレイを配置する平面を後方にずらした別の平面に選ぶことが可能である。その構成の仕組みを次に述べる。

収音時は平面 $z=z_0$ で，再生時は平面 $z=z_1$ で行う（$z_0<z_1$）。聴き手の位置は平面 $z=z_1$ よりさらに後方にある（$z_0<z_1<z$ なら，z_1 の後方の任意位置を選べる）。

ここで，改めて，聴き手位置での音圧 $P(\boldsymbol{r},\omega)$ の表現式を平面 $z=z_0$ に対応させて式 (3.57) に示す。なお，この式 (3.57) 以降，位置ベクトルに上付き添え字 (0) および (1) をもつタイプを追加し，$\boldsymbol{r}_i^{(0)}$ は平面 $z=z_0$ 上の i 番目，$\boldsymbol{r}_i^{(1)}$

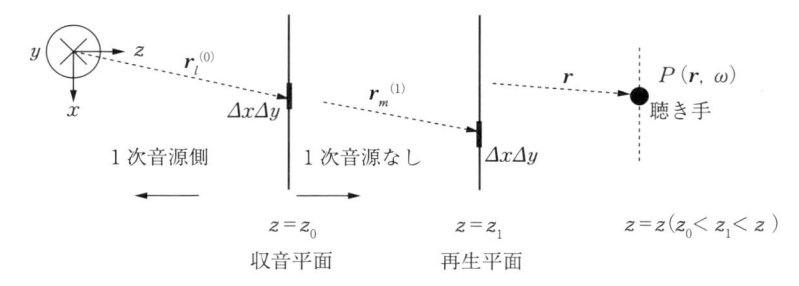

3.4 マルチマイクロホン収録　97

図 3.23　波面外挿のための位置ベクトル定義

は平面 $z=z_1$ 上の i 番目を，それぞれ表すとし，**図 3.23** に波面外挿のための位置ベクトル定義を与える。

$$P(\boldsymbol{r},\omega) = |z-z_0| \sum_{l=1}^{L} P(\boldsymbol{r}_l^{(0)}, \omega) \frac{1+jk|\boldsymbol{r}-\boldsymbol{r}_l^{(0)}|}{2\pi |\boldsymbol{r}-\boldsymbol{r}_l^{(0)}|^3} e^{-jk|\boldsymbol{r}-\boldsymbol{r}_l^{(0)}|} \Delta x \Delta y \quad (3.57)$$

仕組み構築のためには，平面 $z=z_1$ 上の $\Delta x \Delta y$（位置 $\boldsymbol{r}_m^{(1)}$）での $P(\boldsymbol{r}_m^{(1)}, \omega)$ の表現式が必要となる。式 (3.58) に示す。

$$P(\boldsymbol{r}_m^{(1)},\omega) = |z-z_0| \sum_{l=1}^{L} P(\boldsymbol{r}_l^{(0)}, \omega) \frac{1+jk|\boldsymbol{r}_m^{(1)}-\boldsymbol{r}_l^{(0)}|}{2\pi |\boldsymbol{r}_m^{(1)}-\boldsymbol{r}_l^{(0)}|^3} e^{-jk|\boldsymbol{r}_m^{(1)}-\boldsymbol{r}_l^{(0)}|} \Delta x \Delta y$$

$$= \sum_{l=1}^{L} W_{ml} P(\boldsymbol{r}_l^{(0)}, \omega) \quad (3.58)$$

ここに，W_{ml} は式 (3.59) に示す。

$$W_{ml} = \frac{|z_1-z_0|}{2\pi} \frac{1+jk|\boldsymbol{r}_m^{(1)}-\boldsymbol{r}_l^{(0)}|}{|\boldsymbol{r}_m^{(1)}-\boldsymbol{r}_l^{(0)}|^3} e^{-jk|\boldsymbol{r}_m^{(1)}-\boldsymbol{r}_l^{(0)}|} \Delta x \Delta y \quad (3.59)$$

したがって，平面 $z=z_0$ に収音アレイを，平面 $z=z_1$ に再生アレイを設置して，$P(\boldsymbol{r}, \omega)$ を実現するには，両平面間を外挿（extrapolation）する仕組みとして，下記の諸関係が得られる。

平面 $z=z_0$　　　　　　　　　　　　　　平面 $z=z_1$
収音アレイ　　→　│外挿処理 W│　→　再生アレイ用
出力信号 $P(z_0)$　　　　　　　　　　　　入力信号 $P(z_1)$

$$P(z_0) = \begin{bmatrix} P(\boldsymbol{r}_1^{(0)}, \omega) \\ P(\boldsymbol{r}_2^{(0)}, \omega) \\ \vdots \\ P(\boldsymbol{r}_L^{(0)}, \omega) \end{bmatrix}, \quad (3.60)$$

$$P(z_1) = \begin{bmatrix} P(\boldsymbol{r}_1^{(1)}, \omega) \\ P(\boldsymbol{r}_2^{(1)}, \omega) \\ \vdots \\ P(\boldsymbol{r}_M^{(1)}, \omega) \end{bmatrix} = W(z_1, z_0) P(z_0) \quad (3.61)$$

ここに,$W(z_1, z_0)$ は,式 (3.62) に示す.

$$W(z_1, z_0) = \begin{bmatrix} W_{11} & W_{12} & \ldots & W_{1L} \\ W_{21} & W_{22} & \ldots & W_{2L} \\ & & \vdots & \\ W_{M1} & W_{M2} & \ldots & W_{ML} \end{bmatrix} \quad (3.62)$$

この**外挿行列** $W(z_1, z_0)$ は,聴き手の位置には無関係に定まる.その ml 要素 W_{ml} (式 (3.59) 参照) は平面 z_1, z_0 上の $\boldsymbol{r}_m^{(1)}$, $\boldsymbol{r}_l^{(0)}$ で定まるから,一度処理器として実現しておけば,$z > z_1$ の任意の位置で正しい波面を創り出せると,強調されている[50] ($z < z_0$ の任意の音源や移動音源に対して,対応可能である).

> **コラム7** 式 (3.59) の意味はもう,お見通しですね。
>
> W_{ml} の式は,平面上 Δx, Δy の位置にダイポール音源が乗っていることを示している。$\boldsymbol{r}_l^{(0)}$ から $\boldsymbol{r}_m^{(1)}$ を目指して,外挿業務をこなす。方向余弦が $\dfrac{|z_1 - z_0|}{|\boldsymbol{r}_m^{(1)} - \boldsymbol{r}_l^{(0)}|}$ となる角度 θ 方向へ,その方向余弦に等しい指向性で,強さが $P(\boldsymbol{r}_l^{(0)}, \omega)$ で定まるダイポール音源放射を届けている。平面 $z = z_0$ 上のすべての位置から,いっせいに $\boldsymbol{r}_m^{(1)}$ に向けて届いた総和が $P(\boldsymbol{r}_m^{(1)}, \omega)$ となる(式 (3.58) 参照)。

次に,WFS の収音に用いられるマイクロホンに要求される仕様を整理する.聴き手を囲む仮想の境界閉曲面と収音目的とのタイプ別に考えてみる.

〔1〕 **閉曲面で囲む場合** 音場の完全再現のためには閉曲面上での音圧,法線方向音圧勾配の正確な値が必要である.聴き手の音場を表現する理論式が要求するのは閉曲面上での音圧,法線方向音圧勾配なので当然ではあるが収音アレイの各マイクロホン素子は閉曲面上に設置され,その素子位置での両者を

確実に計測できる保証を与えられること。

〔2〕 **平面で仕切る場合** 簡単のため，平面 $z=z_0$ で仕切り，音源を $z<z_0$ 領域にのみ存在すると考える。また，聴き手側領域 $z>z_0$ の壁面はどれも十分吸音できるとする。

1) 音場の完全再現目的では仮想平面上の音圧の正確な値が必要である。理論式が要求するのは仮想平面上の音圧であるので，収音アレイの各マイクロホン素子は仮想平面上に設置され，その素子位置での音圧を確実に計測できる保証を与えられること。

2) $z<z_0$ 側から波面は到来するとして，音場創作的な WFS の応用を図る目的では，例えばステージ上にだけ音源が存在する場合を取り上げる[50]。ステージ上を，等サイズの音源区域でカバーし，区域ごとに指向性の優れたマイクロホンを割当て，マイクロホン群で収録する。割り当てられたマイクロホンは，その区域からの音圧を主として収音し，他の区域からの音圧はほとんど含まない保証を与えられること。

2) の場合は，区域ごとに割り当てた指向性の優れたマイクロホン群で収音し，仮想平面上のスピーカアレイから再生するが，収音以降のスピーカ入力までに対応した，WFS 仕組みが想定されているものとする。以下に，仕組みの例を解説しておく[50]。

音源区域，例えば m 番なら，その区域中心位置 $\boldsymbol{r}_m$ に仮想の点音源があるものとして表す。**仮想点音源**（notional monopole）の直接波動場は

$$P_m(\boldsymbol{r},\omega)=\frac{e^{-jk|\boldsymbol{r}-\boldsymbol{r}_m|}}{|\boldsymbol{r}-\boldsymbol{r}_m|}S(\boldsymbol{r}_m,\omega) \tag{3.63}$$

で記述する。ここに，$S(\boldsymbol{r}_m,\omega)$ は仮想点音源の呼称で，次のように生成され，式 (3.64) に示す。

$$S(\boldsymbol{r}_m,\omega)=|\boldsymbol{r}_m-\boldsymbol{r}_l|e^{+jk|\boldsymbol{r}_m-\boldsymbol{r}_l|}M(\boldsymbol{r}_l,\omega) \tag{3.64}$$

$M(\boldsymbol{r}_l,\omega)$ は区域中心位置 $\boldsymbol{r}_m$ に指向したマイクロホン（番号 l）の出力信号であり，収音位置が $\boldsymbol{r}_l$ であるので，仮想点音源位置までの距離 $|\boldsymbol{r}_m-\boldsymbol{r}_l|$ 相当

分の補正，すなわち振幅と位相を元に戻した処理を施して，$S(\bm{r}_m, \omega)$ を得る．

そうすると，仮想点音源 m の波動場は，スピーカアレイの任意の素子（素子番号 n，位置 $\bm{r}_n$）に対して，$S(\bm{r}_m, \omega)$ から放射されているとして，式 (3.65) のように記述できる．

$$P_m(\bm{r}_n, \omega) = \frac{e^{-jk|\bm{r}_n - \bm{r}_m|}}{|\bm{r}_n - \bm{r}_m|} S(\bm{r}_m, \omega) \tag{3.65}$$

したがって，区域 m 番の仮想点音源の波動場は，スピーカアレイの各素子からダイポール特性で再生・放射され，聴き手位置 $\bm{r}$ での $P_m(\bm{r}, \omega)$ として，式 (3.66) で表せる．

$$P_m(\bm{r}, \omega) = \sum_n \frac{e^{-jk|\bm{r} - \bm{r}_n|}}{2\pi |\bm{r} - \bm{r}_n|} (jk\cos\phi_n) P_m(\bm{r}_n, \omega) \Delta x \Delta y \tag{3.66}$$

ステージ上の全区域の仮想点音源からの波動場は，以下のように聴き手位置 $\bm{r}$ に届くことになる．

$$P(\bm{r}, \omega) = \sum_m P_m(\bm{r}, \omega) \tag{3.67}$$

$$= \sum_n \left(\frac{e^{-jk|\bm{r} - \bm{r}_n|}}{2\pi |\bm{r} - \bm{r}_n|} (jk\cos\phi_n) \sum_m P_m(\bm{r}_n, \omega) \right) \Delta x \Delta y \tag{3.68}$$

$$= \sum_n \left(P(\bm{r}_n, \omega) \frac{e^{-jk|\bm{r} - \bm{r}_n|}}{2\pi |\bm{r} - \bm{r}_n|} \right) (jk\cos\phi_n) \Delta x \Delta y \tag{3.69}$$

ここに

$$P(\bm{r}_n, \omega) = \sum_m \left(\frac{e^{-jk|\bm{r}_n - \bm{r}_m|}}{|\bm{r}_n - \bm{r}_m|} \right) S(\bm{r}_m, \omega) \tag{3.70}$$

である．

2）の仕組みは，音源側を含まぬように仮想平面で囲んで表現定理を得て，スタートするようにはなっていない．収音に関しては仮想平面上では行われていないが，再生に関しては仮想平面上のスピーカアレイから行われている．ステージ上の音源を仮想音源としてとらえることで始まっている．ただし，仮想点音源位置が音響空間に定められていて，そこから音伝搬が始まり，指向性マ

イクロホン群で収音しているように扱われ，さらに再生位置のスピーカアレイ位置までの音伝搬を外挿する仕組みが取り入れられている．WFSに基づいた音場創作的方法であると考えられる．

1）に挙げた例，すなわち平面で仮想的に仕切って音場の再現をWFSで目指す場合，応用上は有限サイズのマイクロホンアレイが用いられるであろう．理論的には連続で無限のアレイであるべきものが空間的に離散化と打ち切りとが行われる．これは空間エイリアジングを生じさせ場所依存の**カラレーション**（coloration）などを引き起こすなどの問題点が指摘され，その抑止・改善策なども検討されている[55)~57)]．平面波や球面波でシミュレーションを行い，その改善効果を視覚化表示しており問題点の所在が把握しやすい．

音場収録用マイクロホンアレイに関して，"A unified theory of horizontal holographic sound systems"[58)]および，"Improved microphone array configurations for auralization of sound fields by wave-field synthesis"[59)]を挙げておく．水平面内での音場再現に対して，circular array（**円状アレイ**）使用の場合が実用的であると，それぞれの理論解析に基づいて述べていることは興味深い．

引用・参考文献

1) 早坂壽雄，吉川昭吉郎：音響振動論, pp.682-686, 丸善 (1974)
2) K. Fukudome：Equalization for the dummyhead-headphone system capable of reproducing true directional information, J. Acoust. Soc. Jpn. (E), **1**, pp.59-67 (1980)
3) J. Blauert：Spatial Hearing (Revised edition), pp.302-303, The MIT Press (1997)
4) E. Skudrzyk：The foundations of Acoustics, pp.430-432, Springer-Verlag (1971)
5) 大野克郎，西　哲生：大学課程　電気回路 (1)（第3版），pp.159-163, オーム社 (1999)
6) K. Fukudome and M. Yamada：Influence of the shape and size of a dummyhead upon Thévenin acoustic impedance and Thévenin pressure, J. Acoust. Soc. Jpn. (E), **10**, pp.59-67 (1989)
7) 早坂壽雄，吉川昭吉郎：音響振動論, p.641, 丸善 (1974)
8) E. A. G. Shaw and R. Teranishi：Sound pressure generated in an external-ear replica and real human ears, by a nearby point source, J. Acoust. Soc. Am., **44**,

pp.240-249 (1968)
9) R. Teranishi and E. A. G. Shaw : External-ear acoustic models with simple geometry, J. Acoust. Soc. Am., **44**, pp.257-263 (1968)
10) E. A. G. Shaw : Physical models of the external ear, Proc. 8th Int'l. Cong. Acoust. (London), **1**, p.206 (1974)
11) E. A. G. Shaw : Average transverse pressure distribution patterns for six modes observed under blocked meatus condition (Fig.5 of Chapter 6) : The acoustics of the external ear : In G. A. Studebaker and I. Hochberg (Eds.), Acoustical factors affecting hearing aid performance, pp.109-125, University Park Press (1980)
12) E. A. G. Shaw : The Elusive connection : 1979 Rayleigh Medal Lecture as Chapter 1. In R. W. Gatehouse (Ed.), Localization of sound : Theory and applications, Amphora Press (1982)
13) 福留公利:バイノーラル制御技術の原理・歴史と現状,音響会誌,**61**, pp.374-379 (2005)
14) H. F. Olson (翻訳 西巻正郎,森 栄司,古川静二郎,近藤 巌,横山 功):音響工学(上巻)Acoustical Engineering, 近代科学社 (1959)
15) L. L. Beranek:Acoustics (third printing), The American Institute of Physics (1990)
16) H. Fletcher : An Acoustic Illusion Telephonycally Achieved, Bell Laboratories Record, **11**, pp.286-289 (1933)
17) M. R. Schroeder, D. Gottlob and K. F. Siebrasse : Comparative study of European concert halls : correlation of subjective preference with geometric and acoustic parameters, J. Acoust. Soc. Am., **56**, pp.1195-1201 (1974)
18) J. Blauert : Räumliches Hören, S. Hierzel Verlag (1974)
19) J. Blauert : Spatial Hearing-the psychophysics of human sound localization-, The MIT Press (1983)
20) イェンス ブラウエルト,森本政之,後藤敏幸:Spatial Hearing 空間音響,鹿島出版会 (1986)
21) 伊藤満寿雄:成人の頭部形態に関する計測統計学的研究,聖マリアンナ研究所業報,**7**, pp.1-172 (1954)
22) M. D. Burkhard and R. M. Sachs : Anthropometric manikin for acoustic research, J. Acoust. Soc. Am., **58**, pp.214-222 (1975)
23) J. J. Zwislocki : An acoustic coupler for earphone calibration, Lab. of Sensory communication, Syracuse Univ., Spec. Rep. LSC-S-7, pp.19-38 (1970)
24) D. R. Begault : 3-D sound for virtual reality and multi media, AP PROFESSIONAL (1994)
25) 福留公利:ダミーヘッド形状の研究,音響会誌,**46**, pp.635-643 (1990)
26) K. Fukudome : A three dimensional measurement of human head-For the purpose of dummyhead construction, J. Acoust. Soc. Jpn. (E), **4**, pp.35-43 (1983)

27) 福留公利, 松本道弘, 白川 浩：ダミーヘッド作製のための耳介部生体計測耳介の鍔状部分の三次元計測, 信学技報, EA84-51 (1984)
28) K. Fukudome and M. Matsumoto：A three-dimensional measurement of human auricle-for the purpose of dummyhead construction, Proc. 12th Int. Congr. Acoust. (Tronto), **I**, B6-3 (1986)
29) 福留公利, 上田則之：ダミーヘッド作製のための耳介部生体計測, 信学技報, EA86-42 (1986)
30) 末次利充：水平面内の頭部伝達関数の連続測定, 九州芸術工科大学修士論文 (2001)
31) 上新卓也：頭部伝達関数の連続測定法, 九州芸術工科大学修士論文 (2002)
32) 井手上 涼：頭部伝達関数の連続測定法のシステムに関する研究, 九州芸術工科大学修士論文 (2004)
33) 福留公利, 末次利充, 上新卓也, 井手上 涼：サーボ回転椅子 (SSC) と連続測定法による HRTF の短時間計測— SSC の仕様と連続測定法の原理—, 音講論集, 秋季I, pp.665-666 (2004)
34) 福留公利, 井手上 涼, 竹谷和紀：サーボ回転椅子 (SSC) と連続測定法による HRTF の短時間計測—計測精度と主観評価実験について—, 音講論集, 秋季I, pp.667-668 (2004)
35) K. Fukudome, T. Suetsugu, T. Ueshin, R. Idegami, K. Takeya：The fast measurement of head related impulse responses for all azimuthal directions using the continuous measurement method with a servo-swiveled chair, Applied Acoustics, **68**, pp.864-884 (2007)
36) 福留公利, 竹之内和樹, 田代勇輔, 立石義文：仰角制御アームとサーボ回転椅子を用いた連続測定法による短時間 HRIR 計測, 信学技報, **EA2005-75** (2005)
37) K. Fukudome, K. Takenouchi, M. Kashida, T. Samejima, N. Ono：A fast measurement system for the listener's own head-related impulse responses, PPA-06-005-IP, 19th International Congress of Acoustics (Madrid Spain), p.293, Programme and Abstracts (2007)
38) 福留公利：頭部伝達関数とイヤホンを用いるバイノーラル技術の進展のために, 信学技報, EA2006-74, pp.25-30 (2006)
39) V. N. Yarmolik and S. N. Demidenko：Generation and application of pseudorandom sequences for random testing. pp.10-21, John Wiley & Sons (1988)
40) J. Vanderkooy：Aspects of MLS measuring systems. J. Audio Eng. Soc., **42**, pp.219-231 (1994)
41) W. T. Chu：Time-variance effect on the application of the M-sequence correlation method for room acoustical measurements. In：Proc. 15th Int. Congress on Acoustics, IV, pp.25-28 (1995)
42) M. Vorländer and M. Kob：Practical aspects of MLS measurements in building

acoustics, Applied Acoust., **52**, pp.239-258(1997)

43) 福留公利,竹谷和紀:本人の頭部インパルス応答とイヤホン再生による音像の頭外定位距離について,信学技報,**EA2005-14**,pp.7-12(2005)

44) 矢野昌平,島田正治,穂刈治英:頭外音像定位における反射波による距離感の影響,信学技報,**EA96-53**,pp.9-16(1996)

45) ゾンマーフェルト(瀬谷正男,波岡 武 訳):光学(ゾンマーフェルト理論物理学講座Ⅳ),pp.210-215,講談社(1969)

46) E. Skudrzyk:The Foundations of Acoustics, pp.489-500, Springer-Verlag(1971)

47) M. Born and E.Wolf:Principles of Optics(Fifth Edition), pp.375-377, Pergamon Press(1975)

48) D. T. Blackstock:Fundamentals of Physical Acoustics, pp.472-476, John Wiley & Sons(2000)

49) A. J. Berkhout:(Engineering Reports) A holographic approach to acoustic control, J. Audio Eng. Soc., **36**, pp.977-995(1988)

50) A. J. Berkhout, D. de Vries and P. Vogel:Acoustic control by wave field synthesis, J. Acoust. Soc. Am., **93**, pp.2764-2778(1993)

51) 伊勢史郎:キルヒホッフ—ヘルムホルツ積分方程式と逆システム理論に基づく音場制御の原理,音響会誌,**53**,pp.706-713(1997)

52) P. A. Gauthier and A. Berry:Adaptive wave field synthesis for active sound field reproduction:Experimental results, J.Acoust Soc. Am., **123**, pp.1991-2002(2008)

53) P. A. Gauthier, A. Berry and C. Woszczyk:Wave field synthesis, adaptive wave field synthesis and ambisonics using decentralized transformed control:Potential applications to sound field reproduction and active noise control, J. Acoust Soc. Am., **118**, p.1967(2005)

54) G. Theile and H. Wittek:(Invited Review) Wave field synthesis:A promising spatial audio rendering concept, Acoust. Sci. & Tech, **25**, pp.393-399(2004)

55) A. J. Berkhout, M. M. Boone and Diemer de Vries:Generation of sound fields using wave field synthesis, an overview, Active 95(Newport Beach), pp.1193-1202(1995)

56) M. M. Boone, E. N. G. Verheijen and P. F. Van Tol:Spatial sound-field reproduction by wave-field synthesis, J. Audio Eng. Soc., **43**, pp.1003-1012(1995)

57) E. Corteel:Equalization in an extended area using multichannel inversion and wave field synthesis, J. Audio Eng. Soc., **54**, pp.1140-1161(2006)

58) M. A. Poletti:A unified theory of horizontal holographic sound systems, J. Audio Eng. Soc., **48**, pp.1155-1182(2000)

59) E. Hulsebos, D. D. Vries and E.Bourdillat:Improved microphone array configurations for auralization of sound fields by wave-field synthesis, J. Audio Eng. Soc., **50**, pp.779-790(2002)

第4章
空間音響の再生

　本章では，原音場に備えるマイクロホンで収録した音響信号に含まれる空間情報を，再生音場に備わるヘッドホンやスピーカを用いて再現する方法を概観する。例えば，原音場において，ダミーヘッド収録された耳入力信号 $X_{1|r}(\omega)$ は，それぞれ，ヘッドホンの対応チャネルへ入力され，各チャネルのアクチュエータで音波へ再変換され，受聴者の外耳道入口を経て鼓膜に到達する（図 4.1）。アクチュエータ入力から受聴者外耳道入口に至る信号伝達経路は，耳入力信号の収録現場にはなかった経路である。よって，ダミーヘッドで収録した音源方向などの原音場の音響的空間情報を再生音場の受聴者へ伝えるためには，再現耳入力信号 $Y_l(\omega)$，$Y_r(\omega)$ から，上記の余計な

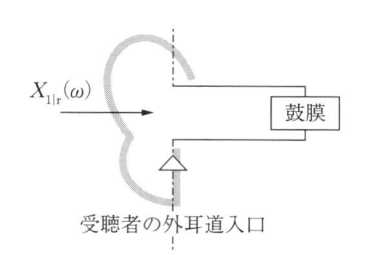

（a） 原音場における耳入力信号

$X_{1|r}(\omega)$ ：収録耳入力信号
$H_{j,1|r}(\omega)$ ：アクチュエータ j から受聴者外耳道入口までの伝達関数
$Y_{1|r}(\omega)$ ：再現耳入力信号

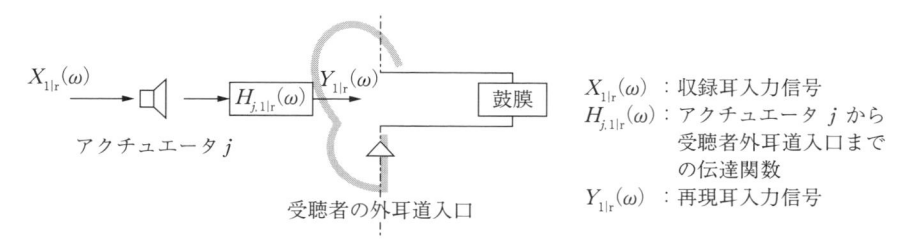

（b） 再生音場における耳入力信号の再現

図 4.1　原音場で収録された耳入力信号の再現

信号伝達経路に起因する信号ひずみを取り除く処理が必要になる。

以下，4.1 節では 2 チャネルヘッドホン系について，ヘッドホンの入力から受聴者外耳道入口に至る信号伝達経路の特性（伝達関数）を等化する信号処理方法を解説する。4.2 節では 2 チャネルスピーカ系について，左（右）チャネルスピーカから受聴者左（右）耳の外耳道入口に至る伝達特性の等化と，左（右）チャネルスピーカ音が受聴者の右（左）耳にも漏れ届くクロストーク現象の解消を同時に達成する信号処理方法を述べる。4.3 節では，この方法を 3 個以上のスピーカを用いる系へ拡張するとともに，多数のマイクロホンで収録した原音場の空間的情報を多数のスピーカを用いて再現する多点音圧制御の一例として，境界面音圧制御方法を紹介する。

4.1　ヘッドホンによる空間音響の再生

4.1.1　耳入力信号の再現

図 4.2 は，原音場収録した耳入力信号 $X_{1|r}(\omega)$ をフィルタ $G_{1|r,j}(\omega)$ $(j=1|r)$ で処理し，ヘッドホン HP_j 越しに受聴者の外耳道入口で再現する系を示す。ヘッドホン HP_j から受聴者外耳道入口までの伝達関数を $H_{j,1|r}(\omega)$ とすれば，再現される耳入力信号 $Y_{1|r}(\omega)$ は次のように表される。

$$Y_{1|r}(\omega) = H_{j,1|r}(\omega) \cdot G_{1|r,j}(\omega) \cdot X_{1|r}(\omega) \tag{4.1}$$

よって，再現耳入力信号 $Y_{1|r}(\omega)$ の特性を収録耳入力信号 $X_{1|r}(\omega)$ に等化するフィルタ $G_{1|r,j}(\omega)$ は次のように求められる。

$$X_{1|r}(\omega) \angle \phi_{1|r}(\omega) = H_{j,1|r}(\omega) \cdot G_{1|r,j}(\omega) \cdot X_{1|r}(\omega)$$

$$\therefore\ G_{1|r,j}(\omega) = \frac{\angle \phi_{1|r}(\omega)}{H_{j,1|r}(\omega)} \tag{4.2}$$

ここで，$\angle \phi_{1|r}(\omega)$ はフィルタ $G_{1|r,j}(\omega)$ が**因果性**を満たすように導入する線形な位相遅れ[†]である。左右同じ大きさの位相遅れ $\angle \phi_0(\omega)$ を適用すれば，再

[†] 時間領域では再現信号に「遅延」を与えることに相当する。時間領域の伝達関数 $H(z)$ に d サンプル遅延 z^{-d} を付与して計算される「逆元」を遅延逆フィルタ (delayed inverse filter) という[1]。

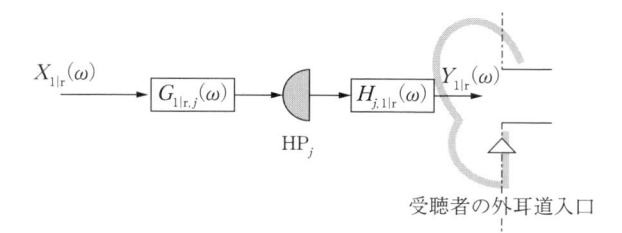

図 4.2 ヘッドホンから受聴者外耳道入口までの信号伝達経路の等化

現耳入力信号 $Y_{1|r}(\omega)$ の特性を収録耳入力信号 $X_{1|r}(\omega)$ へ等化できるとともに，収録耳入力信号の比 $X_r(\omega)/X_l(\omega)$ が表す音源方向情報（両耳間差，2.2 節）も保存できる．

$$\frac{Y_r(\omega)}{Y_l(\omega)} = \frac{X_r(\omega)\angle\phi_r(\omega)}{X_l(\omega)\angle\phi_l(\omega)} = \frac{X_r(\omega)\angle\phi_0(\omega)}{X_l(\omega)\angle\phi_0(\omega)} = \frac{X_r(\omega)}{X_l(\omega)} \qquad (4.3)$$

この関係は，外耳道入口から鼓膜に至る音波伝搬特性を含め，**受聴者にそっくりなダミーヘッド** DM で収録した耳入力信号 $X_{1|r}(\omega)$ を，式 (4.2) のフィルタ $G_{1|r,j}(\omega)$ で処理しヘッドホン HP$_j$ 越しに聴取させる系を用いれば，原音場で聴取される音響的空間情報と同じ情報を受聴者に与えうることを示している（図 4.3）．

ところで，上記そっくりダミーヘッドの外耳道音響インピーダンスを $z_{1|r}(\omega)$，外耳道入口から音源側を見た音響インピーダンスを $z_S(\omega)$ とすれば，

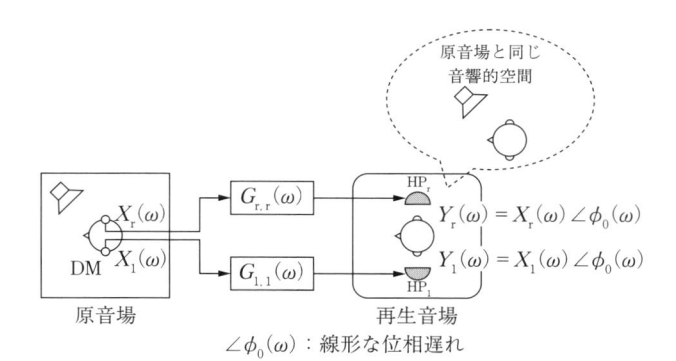

図 4.3 受聴者にそっくりなダミーヘッドで原音場収録した耳入力信号の再現

(a) 原音場　　　　　　　　　(b) 再生音場

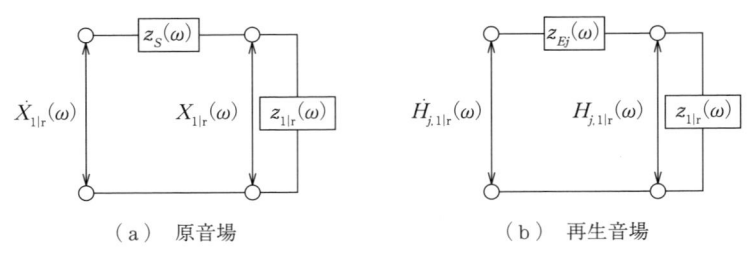

図 4.4 外耳道をブロックした場合の収録信号とヘッドホン特性

ダミーヘッドの外耳道をふさぎ（ブロックし）外耳道内の音波伝搬特性の影響を除いた耳入力信号 $\dot{X}_{1|r}(\omega)$ と，外耳道を開放した状態で収録した耳入力信号 $X_{1|r}(\omega)$ の関係は次のように表される（**図 4.4**（a），3.1.5 項）。

$$\dot{X}_{1|r}(\omega) = \frac{z_{1|r}(\omega) + z_S(\omega)}{z_{1|r}(\omega)} X_{1|r}(\omega) \tag{4.4a}$$

同様に，受聴者の外耳道音響インピーダンスを $\dot{z}_{1|r}(\omega)$（$= z_{1|r}(\omega)$），外耳道入口からヘッドホン HP_j を見込む音響インピーダンスを $z_{Ej}(\omega)$ とすれば，受聴者外耳道をブロックした状態で観測されるヘッドホン HP_j から外耳道入口までの伝達関数 $\dot{H}_{j,1|r}(\omega)$ と，外耳道を開放した状態で観測した伝達関数 $H_{j,1|r}(\omega)$ の関係は次のように表される（図（b））。

$$\dot{H}_{j,1|r}(\omega) = \frac{\dot{z}_{1|r}(\omega) + z_{Ej}(\omega)}{\dot{z}_{1|r}(\omega)} H_{j,1|r}(\omega) \tag{4.4b}$$

さて，式 (4.4a) の関係を式 (4.1) に適用すれば，ダミーヘッド外耳道をブロックして収録した耳入力信号 $\dot{X}_{1|r}(\omega)$ から，外耳道を開放して収録される耳入力信号 $X_{1|r}(\omega)$（または $X_{1|r}(\omega) \angle \phi_0(\omega)$）を再現するフィルタ $\dot{G}_{1|r,j}(\omega)$ は次のように求められる。

$$\begin{aligned}
\dot{G}_{1|r,j}(\omega) &= \frac{\angle \phi_0(\omega)}{H_{j,1|r}(\omega)} \frac{X_{1|r}(\omega)}{\dot{X}_{1|r}(\omega)} \\
&= G_{1|r,j}(\omega) \frac{z_{1|r}(\omega)}{z_{1|r}(\omega) + z_S(\omega)} \\
&= G_{1|r,j}(\omega) \frac{\dot{z}_{1|r}(\omega)}{\dot{z}_{1|r}(\omega) + z_S(\omega)} \quad (\because \dot{z}_{1|r}(\omega) = z_{1|r}(\omega))
\end{aligned} \tag{4.5a}$$

ここで,右辺第2項は,音源から受聴者外耳道入口までの伝達関数(頭部伝達関数,2.1節)について,外耳道を開放した場合とブロックした場合の比を表し,ヘッドホン HP_j への入力信号を外耳道を開放した耳入力信号へ変換するように働く。よって,フィルタ $\dot{G}_{1|r,j}(\omega)$ を用いれば(あらかじめ,外耳道を開放する場合とブロックする場合の2種類の受聴者頭部伝達関数を測定する必要はあるが),そっくりダミーヘッドの外耳道をブロックした状態で収録した耳入力信号を用いて,原音場で聴取される音空間情報と同じ情報を受聴者に与えうることがわかる(図 4.5)。

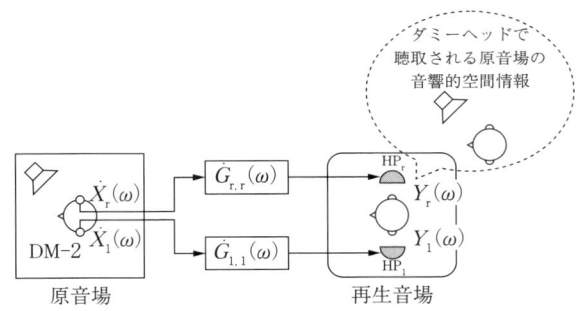

図 4.5 ダミーヘッドの外耳道をブロックして収録した耳入力信号の再現

さらに,式 (4.4b) の関係を式 (4.5a) に適用すれば,フィルタ $\dot{G}_{1|r,j}(\omega)$ は次のように表せる。

$$\dot{G}_{1|r,j}(\omega) = \frac{\angle \phi_0(\omega)}{\dot{H}_{j,1|r}(\omega)} \frac{\dot{z}_{1|r}(\omega) + z_{Ej}(\omega)}{\dot{z}_{1|r}(\omega) + z_S(\omega)} = \frac{\angle \phi_0(\omega)}{\dot{H}_{j,1|r}(\omega)} \cdot PDR \quad (4.5b)$$

ここで,右辺第2項の **PDR** (pressure distribution ratio) は,受聴者外耳道をブロックした場合において,音源から外耳道入口に至る伝達関数とヘッドホン HP_j から外耳道入口に至る伝達関数の比を表す。PDR をほぼ1とみなせる **FEC** (free air equivalent coupling to the ear) ヘッドホン[2] を利用すれば,外耳道をブロックしたそっくりダミーヘッドで収録した耳入力信号 $\dot{X}_{1|r}(\omega)$ と,受聴者外耳道をブロックした状態で測定した伝達関数の逆フィルタ

$\angle \phi_0(\omega)/\dot{H}_{j,1|\mathrm{r}}(\omega)$ を用いて,式 (4.2) のフィルタ $G_{1|\mathrm{r},j}(\omega)$ と同様に,原音場で聴取される音空間情報と同じ情報を受聴者に与えうることを示している。この式を導出した Møller et al. は,FEC ヘッドホンの具備すべき条件を「1 kHz より低い周波数範囲で $|z_{1|\mathrm{r}}(\omega)| \gg |z_{Ej}(\omega)|$ を満足し,1 kHz より高い周波数範囲でほぼ $z_S(\omega) = z_{Ej}(\omega)$ とみなせること」としている。この条件を比較的よく満足する可能性をもつヘッドホンは,外耳道から離れた位置に振動板を備えるオープン型であることも知られている[3]。

次に,これまで紹介してきたヘッドホンによる耳入力信号の再現方法を用いた音像方向の再現精度について述べる。Wightman and Kistler は,プローブマイクロホンにより被験者の外耳道内の鼓膜の直前で測定した頭部伝達関数を用いて,方位角が 0°～360°,仰角が -36°～54° の範囲の 72 方向をターゲット方向として,ヘッドホン再生による音像定位実験を行った[4]。ただし,頭部伝達関数は被験者本人のもので,ヘッドホンから外耳道までの伝達関数は補正されている。実験結果を図 4.6 に示す。図 (a) は無響室における実音源に対する結果,図 (b) はヘッドホン再生の結果である。大きな図は方位角に対する結果を,挿入されている小さな図は仰角に対する結果をそれぞれ示す。これより,本人の頭部伝達関数を用いて,ヘッドホンから外耳道までの伝達関数を補

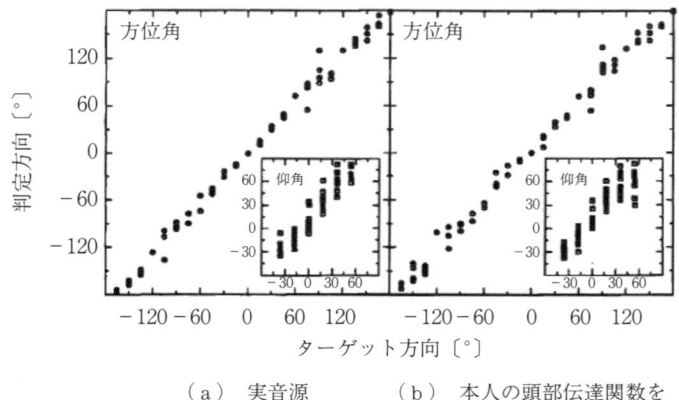

(a) 実音源　　(b) 本人の頭部伝達関数を用いたヘッドホン再生

図 4.6　72 のターゲット方向に対する音像定位実験結果[4]

正すれば，実音源と同程度の精度で受聴者に音像方向を知覚させることができるといえる。

一方，Wenzel et al. は，Wightman and Kistler と同じ実験システムで他人の頭部伝達関数を用いて実験を行った[5]。その結果，前後誤判定および上下誤判定が顕著に増加した。これらの結果は，左右方向の手がかり（両耳間差キュー）は個人間でロバストであるが，前後・上下方向の手がかり（スペクトラルキュー）は個人差が大きいことを示している。

4.1.2　空間知覚の手がかりの再現

耳入力信号をそのまま再現する代わりに，要素感覚の知覚の手がかりを再現すれば，その要素感覚については，より効率的に受聴者に知覚させることができると考えられる。このような観点から，空間的な要素感覚の中で最も基本的な感覚である方向感の再生が試みられている。Morimoto et al.[6] は，図 1.2（b）に示した矢状面座標系を用いて，左右方向の知覚の手がかりとして水平面内 4 方向（側方角 α が 0°～90°，30°間隔）の両耳間時間差と，両耳間レベル差を，前後・上下方向の知覚の手がかりとして上半球正中面内 7 方向（上昇角 β が 0°～180°，30°間隔）の頭部伝達関数の振幅スペクトルを用い，これらを組み合わせて**図 4.7** に示す上半球面 22 方向の音像定位実験を行った。音源は広帯域ホワイトノイズである。

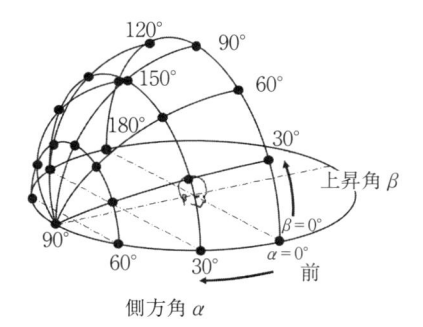

図 4.7　矢状面座標系を用いて表したターゲット方向

112   4. 空間音響の再生

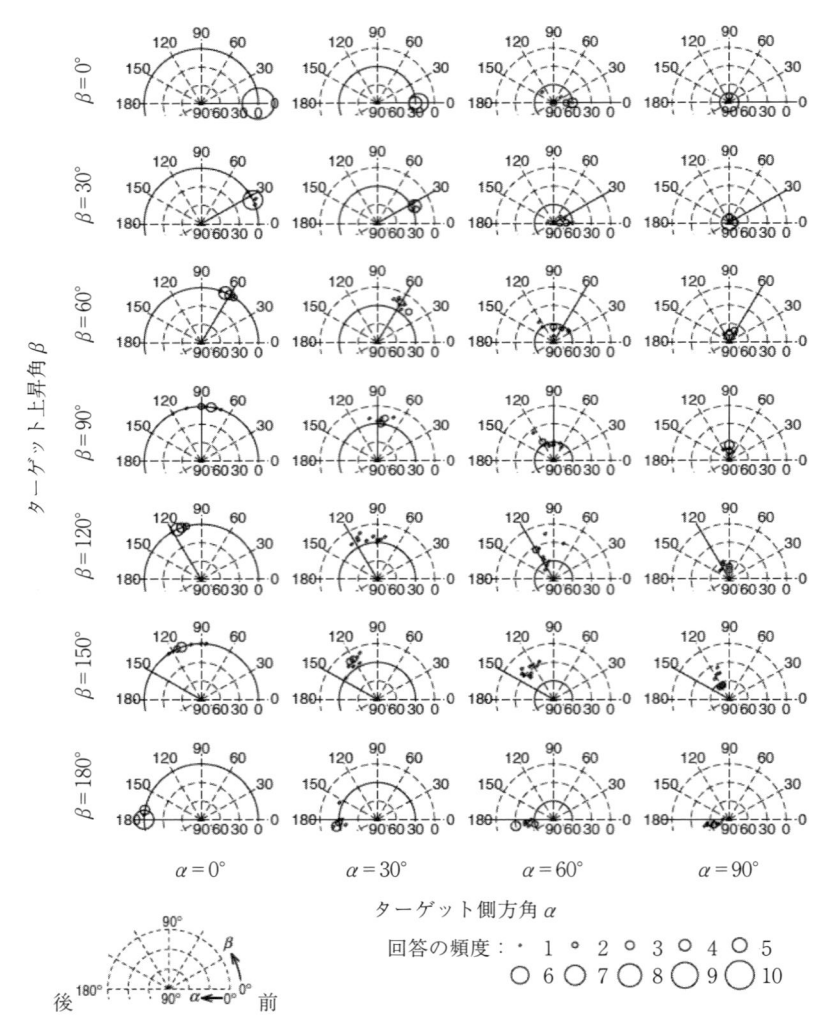

各パネルの実線の円弧と直線はターゲット方向の側方角と上昇角を示し，その交点がターゲット方向

図 4.8 正中面内の頭部伝達関数の振幅スペクトルと両耳間差情報の組合せで作成した刺激に対する代表的な被験者の回答結果[6]

4.1 ヘッドホンによる空間音響の再生　113

　図 **4.8** に代表的な被験者の回答結果を示す。これらのパネルは，図 4.7 の矢状面座標系を側方角 90°方向から投影して描いたもので，各円弧が各矢状面（側方角 α）を，円の中心から放射状に伸びる直線が上昇角 β を示している。各パネルの実線の円弧と直線はターゲット方向の側方角と上昇角であり，その交点がターゲット方向である。これらより，被験者はおおむねターゲット方向に音像を知覚していることがわかる。

　以上の結果は，音像の左右方向と前後・上下方向を，それぞれ両耳間差とスペクトルキューで独立して制御できる可能性を示している。加えて，方向知覚においては，3 次元空間の座標を球座標系ではなく，**矢状面座標系**で定義するのが妥当であることを示している。

　一方，方向知覚の**動的な手がかり**，つまり受聴者の頭部の動きの重要性[7]~[11]に着目し，耳入力信号再生中の受聴者の頭部運動に追随して耳入力信号を変化

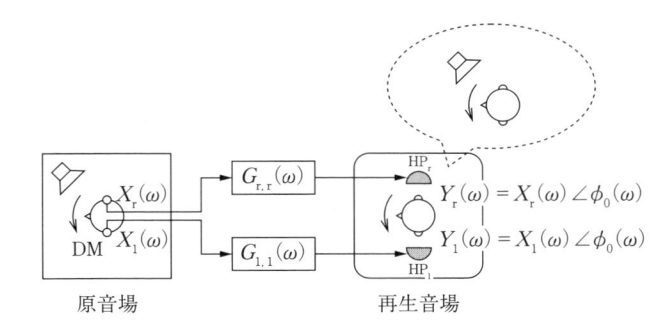

（a）受聴者の姿勢変化に応じてダミーヘッドの姿勢を変化させる系

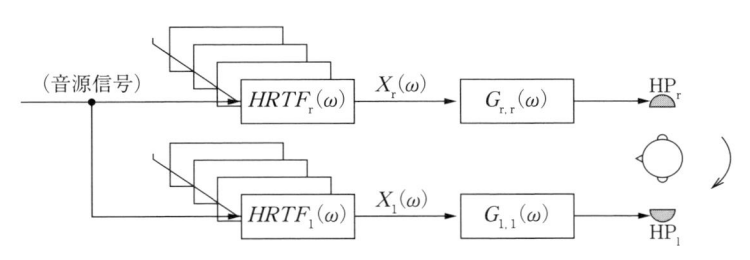

（b）受聴者の姿勢変化に応じて耳入力信号特性を動的に変化させる系

図 **4.9** 受聴者の頭部運動を考慮した耳入力信号再現方法の例

114   4. 空間音響の再生

させることの有効性も報告されている。1980年代にKEMARダミーヘッドを被験者の動きに同期するシステムが開発され[12]，最近，特定の受聴者の頭部・耳介形状を模したダミーヘッドを用いた同様のシステムが報告されている[13]。しかし，これらのシステムは受聴者とダミーヘッドの動きの同期が重要であるため，原音場で音が放射されている間でのみ有効となり，収録してしまった信号には適用できないという問題がある（図4.9（a））。

また，原音場の入射音の時間的，空間的構造が既知であれば，ヘッドトラッカで受聴者の頭部運動をとらえ，それに追従して頭部伝達関数を切り替えることができる[14]。ただし，一般には原音場の入射音構造は未知であるため，原音場の空間音響の再生には適用できず，仮想的な音場の創生などに用途が限定される（図（b））。

4.2　2チャネルスピーカによる空間音響の再生

2チャネルスピーカ再生では，左（右）チャネルスピーカ音は，受聴者の左（右）耳だけでなく右（左）耳にも漏れ届く**クロストーク**現象を生じる。よって，受聴者の耳入力信号を制御するためには，左または右 (l|r) チャネルスピーカから受聴者の左または右 (l|r) 耳に至る信号伝達特性の等化と同時に，左または右 (l|r) チャネルスピーカから受聴者の右または左 (r|l) 耳に漏れるクロストーク音の発生を防ぐ必要もある（図4.10）。

$X_r(\omega)$ → $G_{r,r}(\omega)$ → S_r

$Y_r(\omega) = X_r(\omega) \angle \phi_0(\omega)$
右耳
左耳

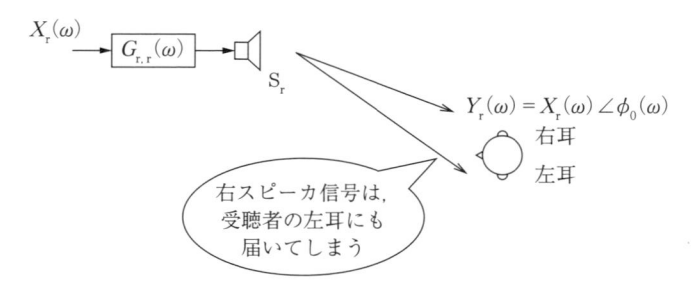

右スピーカ信号は，受聴者の左耳にも届いてしまう

図4.10　スピーカ再生におけるクロストーク現象（右チャネル信号について）

図 4.11 は，フィルタ $G_{r,j}(\omega)$ $(j=\mathrm{r}|\mathrm{l})$ を用いて，受聴者の右耳外耳道入口に原音場収録した右耳入力信号 $X_r(\omega)$ を再現するとともに，左耳外耳道入口で左右のスピーカ音を相殺し，クロストーク音を消去・抑圧する系を示す。

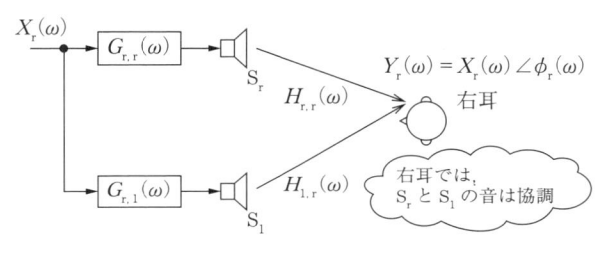

（a） 右耳入力信号の再現

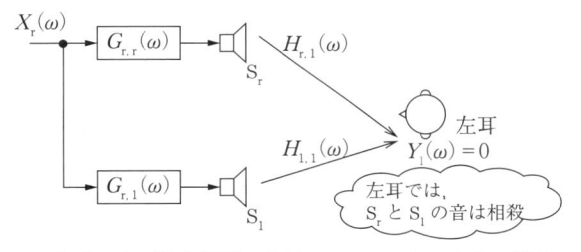

（b） 右耳入力信号の左耳へのクロストーク音の消去

図 4.11 スピーカ再生におけるクロストーク現象（右チャネル信号について）

スピーカ S_j から受聴者の右左外耳道入口に至る伝達関数を $H_{j,\,r|l}(\omega)$ とすれば，右耳外耳道入口に再現される信号 $Y_r(\omega)$，および左耳に漏れるクロストーク成分 $\dot{Y}_l(\omega)$ は，それぞれ次のように表される。

$$Y_r(\omega) = \{H_{r,r}(\omega)G_{r,r}(\omega) + H_{l,r}(\omega)G_{r,l}(\omega)\}X_r(\omega) \tag{4.6a}$$

$$\dot{Y}_l(\omega) = \{H_{r,l}(\omega)G_{r,r}(\omega) + H_{l,l}(\omega)G_{r,l}(\omega)\}X_r(\omega) \tag{4.6b}$$

よって，再現耳入力信号 $Y_r(\omega)$ の特性を収録耳入力信号 $X_r(\omega)$ に等化するとともに，クロストーク成分 $\dot{Y}_l(\omega)$ も消音するフィルタ対 $\{G_{r,r}(\omega), G_{r,l}(\omega)\}$ は次のように求められる。

$$X_r(\omega)\angle\phi_r(\omega) = \{H_{r,r}(\omega)G_{r,r}(\omega) + H_{l,r}(\omega)G_{r,l}(\omega)\}X_r(\omega)$$

$$0 = \{H_{\mathrm{r},1}(\omega)G_{\mathrm{r},\mathrm{r}}(\omega) + H_{1,1}(\omega)G_{\mathrm{r},1}(\omega)\}X_{\mathrm{r}}(\omega)$$

$$\therefore\ G_{\mathrm{r},\mathrm{r}}(\omega) = \frac{H_{1,1}(\omega)\angle\phi_{\mathrm{r}}(\omega)}{H_{\mathrm{r},\mathrm{r}}(\omega)H_{1,1}(\omega) - H_{\mathrm{r},1}(\omega)H_{1,\mathrm{r}}(\omega)} \tag{4.7a}$$

$$G_{\mathrm{r},1}(\omega) = \frac{-H_{\mathrm{r},1}(\omega)\angle\phi_{\mathrm{r}}(\omega)}{H_{\mathrm{r},\mathrm{r}}(\omega)H_{1,1}(\omega) - H_{\mathrm{r},1}(\omega)H_{1,\mathrm{r}}(\omega)} \tag{4.7b}$$

ここで，$\angle\phi_{\mathrm{r}}(\omega)$ はフィルタ対 $\{G_{\mathrm{r},\mathrm{r}}(\omega), G_{\mathrm{r},1}(\omega)\}$ が因果性を満たすように導入する線形な位相遅れである。同様に，受聴者左耳の外耳道入口に原音場収録した耳入力信号 $X_1(\omega)$ を再現し，この信号が右耳へ漏れるクロストーク現象を防ぐフィルタ対 $\{G_{1,\mathrm{r}}(\omega), G_{1,1}(\omega)\}$ は次のように求められる。

$$G_{1,\mathrm{r}}(\omega) = \frac{-H_{1,\mathrm{r}}(\omega)\angle\phi_1(\omega)}{H_{\mathrm{r},\mathrm{r}}(\omega)H_{1,1}(\omega) - H_{\mathrm{r},1}(\omega)H_{1,\mathrm{r}}(\omega)} \tag{4.8a}$$

$$G_{1,1}(\omega) = \frac{H_{\mathrm{r},\mathrm{r}}(\omega)\angle\phi_1(\omega)}{H_{\mathrm{r},\mathrm{r}}(\omega)H_{1,1}(\omega) - H_{\mathrm{r},1}(\omega)H_{1,\mathrm{r}}(\omega)} \tag{4.8b}$$

ここで，前節の2チャネルヘッドホンを用いる耳入力信号の再現方法にならって，2組のフィルタ対 $\{G_{\mathrm{r},\mathrm{r}}(\omega), G_{\mathrm{r},1}(\omega)\}$，$\{G_{1,\mathrm{r}}(\omega), G_{1,1}(\omega)\}$ へ同じ大きさの位相遅れ $\angle\phi_0(\omega)$ を適用すれば，受聴者外耳道入口に再現する耳入力信号 $Y_{1|\mathrm{r}}(\omega)$ の特性を収録耳入力信号 $X_{1|\mathrm{r}}(\omega)$ へ等化できるとともに，収録耳入力信号の比 $X_{\mathrm{r}}(\omega)/X_1(\omega)$ の示す音源方向情報（両耳間差，2.2節）も保存される。

$$\frac{Y_{\mathrm{r}}(\omega) + \dot{Y}_{\mathrm{r}}(\omega)}{Y_1(\omega) + \dot{Y}_1(\omega)} = \frac{X_{\mathrm{r}}(\omega)\angle\phi_0 + 0}{X_1(\omega)\angle\phi_0 + 0} = \frac{X_{\mathrm{r}}(\omega)}{X_1(\omega)} \tag{4.9}$$

すなわち，収録耳入力信号 $X_{1|\mathrm{r}}(\omega)$ を同じ大きさの位相遅れを適用した2組のフィルタ対 $\{G_{\mathrm{r},\mathrm{r}}(\omega), G_{\mathrm{r},1}(\omega)\}$，$\{G_{1,\mathrm{r}}(\omega), G_{1,1}(\omega)\}$ で処理し，得られたスピーカ入力信号をチャネルごとに加算し，スピーカ S_{r}，S_1 を用いて再生し，受聴者両耳の外耳道入口に収録耳入力信号を再現することにより，原音場で聴取される音空間情報と同じ情報を受聴者に与えうることがわかる（**図4.12**）。

式 (4.7), (4.8) を満足する2組のフィルタ対 $\{G_{\mathrm{r},\mathrm{r}}(\omega), G_{\mathrm{r},1}(\omega)\}$，$\{G_{1,\mathrm{r}}(\omega), G_{1,1}(\omega)\}$ を**クロストークキャンセラ**（crosstalk canceler），これらを備えるスピーカ再生系を**トランスオーラル系**（transaural system）[15]〜[17] と呼ぶ。

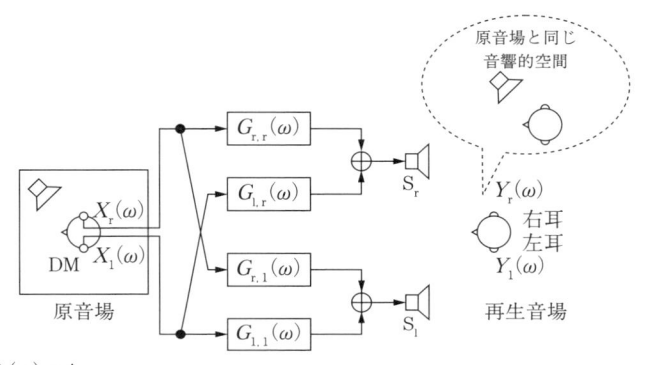

4.2 2チャネルスピーカによる空間音響の再生   117

$Y_r(\omega) = X_r(\omega) \angle \phi_0$
$\quad = \left[H_{r,r}(\omega)G_{r,r}(\omega) + H_{l,r}(\omega)G_{r,l}(\omega)\right]X_r(\omega) + \left[H_{r,r}(\omega)G_{l,r}(\omega) + H_{l,r}(\omega)G_{l,l}(\omega)\right]X_l(\omega)$
$\qquad\qquad\qquad\qquad\qquad\qquad\qquad\qquad\qquad\qquad\qquad\text{クロストーク成分}$
$Y_l(\omega) = X_l(\omega) \angle \phi_0$
$\quad = \left[H_{r,l}(\omega)G_{r,r}(\omega) + H_{l,l}(\omega)G_{r,l}(\omega)\right]X_r(\omega) + \left[H_{r,l}(\omega)G_{l,r}(\omega) + H_{l,l}(\omega)G_{l,l}(\omega)\right]X_l(\omega)$
$\qquad\qquad\qquad\text{クロストーク成分}$

図 4.12 原音場で収録された耳入力信号の2チャネルスピーカによる再現

Morimoto and Ando[18]は，無響室内で横断面の天頂から±30°に設置した2つのスピーカを用いてトランスオーラルシステムを構築し，被験者の頭部を固定して音像定位実験を行い，本人の頭部伝達関数を再現すると実音源と同程度の方向定位ができることを示した（図 2.7）。一方，他人の頭部伝達関数を再現した場合は，頻繁に前後・上下の誤判定が発生した。

しかし，トランスオーラル系には，受聴位置のわずかなずれや，受聴者姿勢の変化（頭部の回転，前後移動など）により，スピーカ S_j から外耳道入口に至る伝達関数 $H_{j,1|r}(\omega)$ も変化し，収録耳入力信号の再現精度が低下するという問題がある。この問題を解決するために，受聴者から見込んだスピーカの見開き角を10°程度にする **Stereo Dipole 方式**[19]やスピーカの**横断面配置**[20]など，伝達関数 $H_{j,1|r}(\omega)$ の変動への耐性に優れた系構成に関する検討も進められている。

図 4.13 は水平面と下半球横断面に配置したスピーカのトランスオーラル系による音像定位実験結果を示す。図（a）スピーカ配置，図（b）はターゲット方向が水平面の場合および正中面の場合の平均定位誤差である。これより，ス

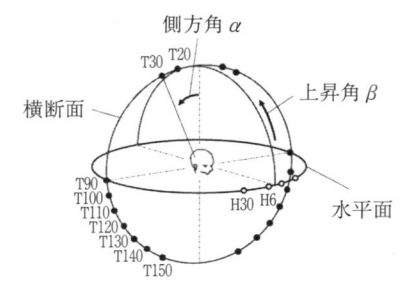

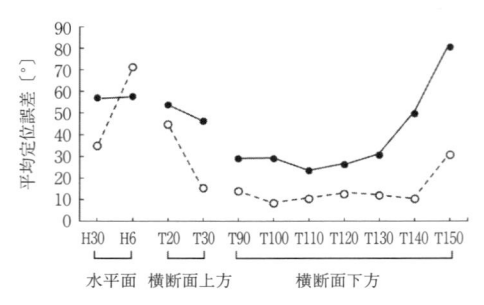

118　4. 空間音響の再生

（a）スピーカ配置（Hは水平面，Tは横断面，数字は開き角を表す）

（b）ターゲット方向が水平面の場合および正中面の場合の平均定位誤差
（○：側方角の平均定位誤差〔°〕，
●：上昇角の平均定位誤差〔°〕）

図 4.13 水平面および横断面に配置したスピーカによる音像定位実験結果

ピーカを水平面よりも横断面に配置するほうが有利であることがわかる。特に，横断面 100°〜110° のスピーカ配置，すなわち側方に配置する場合が，音像方向の制御精度がよいことを示している。

4.3　多チャネルスピーカによる空間音響の再生

本節では多数のスピーカを用いた空間音響の再生について述べる。4.3.1 項では左右の外耳道入口の2点を制御して空間音響を再生する方法を扱い，4.3.2項では多点音圧制御および波面合成による空間音響の再生をとりあげる。

4.3.1　2チャネルスピーカによる空間音響の再生の拡張

4.2節での2チャネルスピーカによる空間音響の再生を N 個（$N \geq 3$）のスピーカを用いて拡張し，左右の耳入力信号を制御する方法を述べる。

原音場収録した耳入力信号 $X_{l|r}(\omega)$ を，N 個のフィルタ $G_{l|r, j}(\omega)$（$j=1, 2, \cdots, N$）で処理し，N 個のスピーカ S_j を用いて聴き手の左または右（l|r）の外耳道入口に再現すると同時に，耳入力信号が右または左（r|l）の耳に漏れるクロストーク音を消音・抑圧する多チャネル・クロストークキャンセラ系を図

4.3 多チャネルスピーカによる空間音響の再生

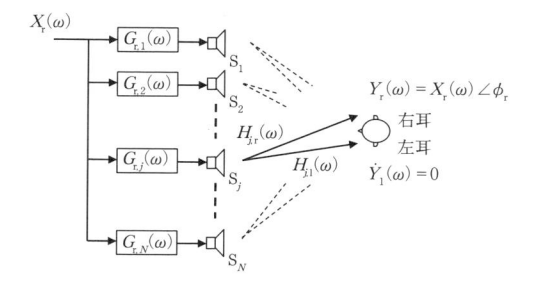

図 4.14 N 個のスピーカを用いるクロストークキャンセラ

4.14 に示す。

スピーカ S_j から聴き手の左または右 (l|r) の外耳道入口に至る伝達関数を $H_{j,l|r}(\omega)$ とすれば，左または右 (l|r) の外耳道入口に再現される耳入力信号 $Y_{l|r}(\omega)$ と右または左 (r|l) の耳に漏れるクロストーク成分 $\dot{Y}_{r|l}(\omega)$ は，それぞれ次のように表される。

$$Y_{l|r}(\omega) = \sum_{j=1}^{N} H_{j,l|r}(\omega) G_{l|r,j}(\omega) X_{l|r}(\omega) \tag{4.10a}$$

$$\dot{Y}_{r|l}(\omega) = \sum_{j=1}^{N} H_{j,r|l}(\omega) G_{l|r,j}(\omega) X_{l|r}(\omega) \tag{4.10b}$$

よって，再現耳入力信号 $Y_{l|r}(\omega)$ の特性を収録耳入力信号 $X_{l|r}(\omega)$ に等化し，クロストーク成分 $\dot{Y}_{r|l}(\omega)$ を消音するフィルタの組 $\{G_{l|r,j}(\omega)\}$ は，次の連立方程式の解になる。

$$\angle \phi_{l|r}(\omega) = \sum_{j=1}^{N} H_{j,l|r}(\omega) G_{l|r,j}(\omega) \tag{4.11a}$$

$$0 = \sum_{j=1}^{N} H_{j,r|l}(\omega) G_{l|r,j}(\omega) \tag{4.11b}$$

または

$$\begin{bmatrix} \angle \phi_{l|r}(\omega) \\ 0 \end{bmatrix} = \begin{bmatrix} H_{1,l|r}(\omega) & H_{2,l|r}(\omega) & \cdots & H_{N,l|r}(\omega) \\ H_{1,r|l}(\omega) & H_{2,r|l}(\omega) & \cdots & H_{N,r|l}(\omega) \end{bmatrix} \begin{bmatrix} G_{l|r,1}(\omega) \\ G_{l|r,2}(\omega) \\ \vdots \\ G_{l|r,N}(\omega) \end{bmatrix} \tag{4.11c}$$

関係式を満足するフィルタの組 $G_{l|r,j}(\omega)$ は,次のように求められる。

$$\begin{bmatrix} G_{l|r,1}(\omega) \\ G_{l|r,2}(\omega) \\ \vdots \\ G_{l|r,N}(\omega) \end{bmatrix} = \begin{bmatrix} H_{1,l|r}(\omega) & H_{2,l|r}(\omega) & \cdots & H_{N,l|r}(\omega) \\ H_{1,r|l}(\omega) & H_{2,r|l}(\omega) & \cdots & H_{N,r|l}(\omega) \end{bmatrix}^{+} \begin{bmatrix} \angle \phi_{l|r}(\omega) \\ 0 \end{bmatrix} \quad (4.12)$$

ここで,$^{+}$は一般逆行列[†]を表す。

2チャネルスピーカによる空間音響の再生(4.2節)と同様に,2組のフィルタ $\{G_{l,j}(\omega)\}$,$\{G_{r,j}(\omega)\}$ へ同じ大きさの位相遅れ $\angle \phi_{l|r}(\omega) = \angle \phi_0(\omega)$ を適用すれば,聴き手の外耳道入口に再現する耳入力信号 $Y_{l|r}(\omega)$ の特性を収録耳入力信号 $X_{l|r}(\omega)$ へ等化できるとともに,収録耳入力信号の比 $X_l(\omega)/X_r(\omega)$ の示す音源方向情報(両耳間差(2.2節))も保存される。

3個以上のスピーカを用いるクロストークキャンセラ(**多チャネル・トランスオーラル系**)は次の特長を有する。

① 複雑な反射音構造を有する再生音場においても,スピーカ再生音から壁面反射や残響に起因する振幅と位相の変形を除去・低減し,聴き手両耳の外耳道入口に,収録耳入力信号 $X_{l|r}(\omega)$ を高い精度で再現できる。

② 音場再生用2次音源として利用するスピーカの数を増すほど系の安定性は増し,伝達関数 $H_{l|r,j}(\omega)$ のわずかな変動への耐性は増す。

上記の特長①に挙げた,聴き手両耳の外耳道入口に収録耳入力信号を高い精度で再現できるための条件は,次のように示されている。

式(4.12)右辺の伝達関数 $H_{j,l|r}(\omega)$ とフィルタ $G_{l|r,j}(\omega)$ は,ここで,FIR型のフィルタで実現できてそれぞれの z 変換は,$H_{j,l|r}(z)$ でその次数は J,および $G_{l|r,j}(z)$ で次数 I をもつとする。

聴き手両耳の外耳道入口音圧を高い精度で制御可能な $G_{l|r,j}(z)$ は,次の条件のもとで計算できる。

[†] Moore-Penrose 一般逆行列[21]のほか,伝達関数の変化や雑音に対するフィルタ感度を下げるため,一般逆行列の計算に用いる特異値を剪定する(ある閾値以下の特異値を用いない)方法なども検討されている[22],[23]。

1） 式 (4.12) の右辺の伝達関数行列の 2 次小行列式の z 変換
$$F_j(z) \stackrel{def}{=} H_{j,1|r}(z)H_{k,r|1}(z) - H_{k,1|r}(z)H_{j,r|1}(z) \qquad (j \neq k)$$
すべてに共通する零点は存在しない[†][24)]。

2） $G_{1|r,j}(z)$ の次数 I は，次の関係を満たすように定める[25)]。
$$I \geq \frac{2J}{N-2} - 1$$

なお，FIR 型フィルタの次数は，そのフィルタ長よりも 1 つ小さい。

上記の特長②に挙げた音場再生用 2 次音源として利用するスピーカの数を増すほど系の安定性が増すことに関しては，周波数領域における**最小ノルム解**を利用した多チャネル音場再現システムにおいて，スピーカの数が逆フィルタの性能に及ぼす影響が検討されている[27)]。スピーカを増やすことにより確率的に極配置が分散されるため，最小ノルム解を用いて安定した逆フィルタの解が得られることの期待のほか，冗長な数のスピーカを有する逆システムの無数にある解の中からノルムが最小となる解を選び，それをフィルタ係数として用いることで最小ノルム解の利点を最大限生かそうという考え方で，スピーカ数が 2 個から 8 個に対応した音場再現システムの伝達系に関する計算機シミュレーションが行われた。

原信号を $x_1(n)$, $x_2(n)$ として，中心にピークをもつ 100 Hz から 6 kHz のバンドパスフィルタのインパルス応答を用い，時間領域の畳込み演算で，再現システムの 2 つの受音点での再現信号 $\hat{x}_1(n) = \hat{x}_2(n)$ を計算した。再現精度 $E(\omega)$ と，時間領域における波形の再現精度 e とを，それぞれ以下の式で求めた。**図 4.15** にスピーカ数 2 個，4 個，8 個に対する $E(\omega)$ の比較を，**図 4.16** にスピーカ数 2 個から 8 個に対する e の比較を示す。

$$E(\omega) = 10 \log_{10} \frac{|X_1(\omega)|^2 + |X_2(\omega)|^2}{|X_1(\omega) - \hat{X}_1(\omega)|^2 + |X_2(\omega) - \hat{X}_2(\omega)|^2}$$

[†] $F_j(z)$ すべてに共通する零点の絶対値が 1 より大きい系は非最小位相系[26)] となる。共通な非最小位相零点の絶対値が 1 に近いと，$\angle\phi_{1|r}(\omega)$（式 (4.12) 参照）を調整しても，耳入力信号を高精度に再現することは難しい。

(a) スピーカ2個（逆行列型）

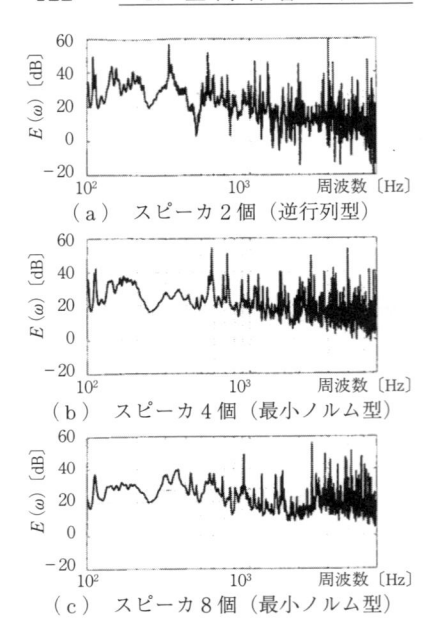

(b) スピーカ4個（最小ノルム型）

(c) スピーカ8個（最小ノルム型）

図 4.15 音場再生用2次音源として利用するスピーカ数に対する再現精度 $E(\omega)$ の比較[27)]

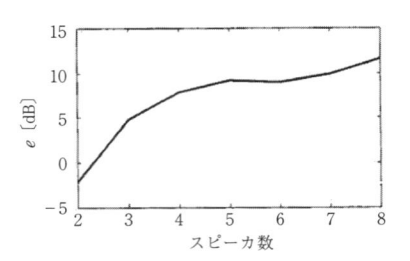

図 4.16 音場再生用2次音源として利用するスピーカ数と再現精度 e との関係[27)]

$$e = 10\log_{10}\frac{\sum_n(|x_1(n)|^2+|x_2(n)|^2)}{\sum_n(|x_1(n)-\hat{x}_1(n)|^2+|x_2(n)-\hat{x}_2(n)|^2)}$$

図 4.15 から，スピーカ数が増えることにより，2 kHz 以上の周波数域において再現精度 $E(\omega)$ が向上していることがわかる。周波数ごとの変動が少なく平坦で安定した再現精度が得られている。また，スピーカの数にかかわらず低い周波数では 30 dB 前後の再現精度が得られているのに対し，2 kHz を越えたあたりから 20 dB を下回る周波数が多く存在する。

図 4.16 の波形の再現精度 e に関しては，スピーカ数を2個から8個に増加することにより 10 dB 以上再現精度が向上していることが観察される。

4.3.2 多点音圧制御および波面合成

再生音場の境界面に多数の制御点を配置し，これらの制御点の音圧を，境界

面の外側に配置した多数のスピーカを用いて制御し，wave field synthesis[30]~[33]などと同様に，再生音場の音響的空間を原音場に一致させる**境界面音圧制御方法**[27]~[29],[34]~[37]の検討も進められている。図 4.17 に**波面合成方法**の 2 つのアプローチを示す。

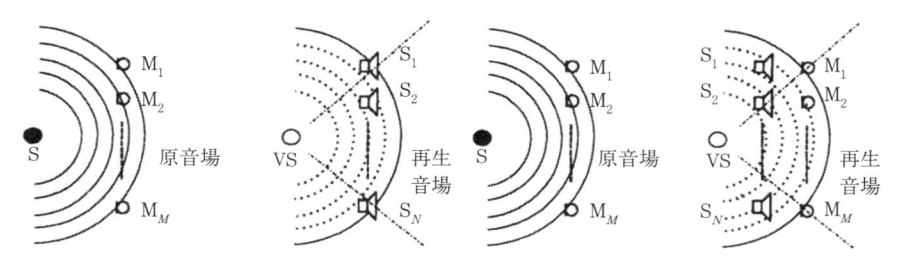

（a） 再生音源の境界面に音源を置く波面合成方法　　（b） 制御点（マイクロホン）で再生音場の境界面を構成する波面合成方法（境界面音圧制御方法）

S：原音源，$M_1, M_2, \cdots, M_M$：マイクロホンアレイ，
VS：（再生音場で知覚される）仮想音源，$S_1, S_2, \cdots, S_N$：スピーカアレイ

図 4.17 波面合成方法（2 つのアプローチ）

図 4.18 は，原音場内の境界面で収録した信号 $X_i(\omega)$，$(i=1, 2, \cdots, M)$ を，MN 個のフィルタ $G_{i,j}(\omega)$，$(j=1, 2, \cdots, N)$ で処理し，N 個のスピーカ S_j を用いて再生音場境界面上の M 個の制御点 M_k （$k=1, 2, \cdots, M$） で再現する境界面音圧制御系を示す。スピーカ S_j と制御点 M_k との間の伝達関数を $H_{j,k}(\omega)$ とすれば，制御点 M_k に再現される信号 $Y_k(\omega)$ は次のように表される。

$$Y_k(\omega) = \sum_{j=1}^{N} \sum_{i=1}^{M} H_{j,k}(\omega) G_{i,j}(\omega) X_i(\omega) \quad (k=1, 2, \cdots, M) \quad (4.13)$$

よって，再現信号 $Y_k(\omega)$ を収録信号 $X_i(\omega)$ に等化するフィルタ $G_{i,j}(\omega)$ は，系が因果性を満たすように適当な線形な位相遅れ $\angle \phi_k(\omega) = \angle \phi_0(\omega)$ を考慮し，次の連立方程式の解として求められる。

$$X_k(\omega) \angle \phi_0(\omega) = \sum_{j=1}^{N} \sum_{i=1}^{M} H_{j,k}(\omega) G_{i,j}(\omega) X_i(\omega) \quad (k=1, 2, \cdots, M)$$

(4.14a)

124   4. 空間音響の再生

図中の説明:
- 原音場内に設置した再生音場境界上音圧分布の多チャネル収録
- 多スピーカ境界面音圧制御による原音場再現
- 原音場
- 多チャネル収録音
- $G_{1,1}(\omega)$
- $G_{1,2}(\omega)$
- $G_{M,N}(\omega)$
- 多チャネル再生音
- 再生音場
- M点で観測された音信号それぞれを処理し,N個のスピーカへ供給するMN個のフィルタ

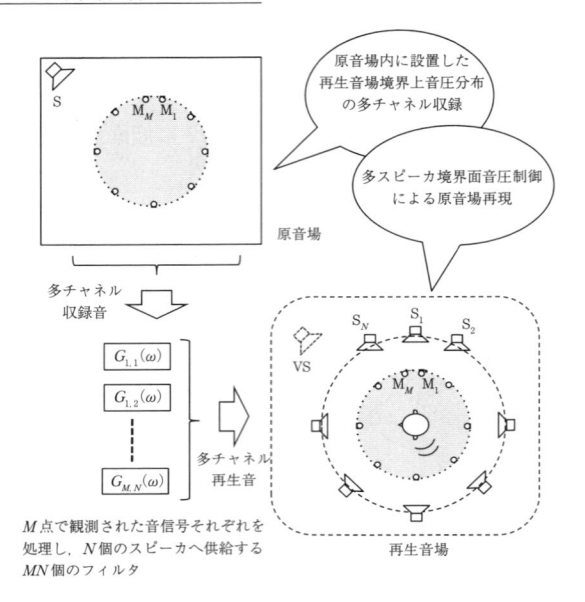

S:原音源,$M_1, M_2, \cdots, M_M$:マイクロホンアレイ,$G_{i,j}(\omega)$:フィルタ($i=1, 2, \cdots, M$,$j=1, 2, \cdots, N$),VS:(再生音場で知覚される)仮想音源,$S_1, S_2, \cdots, S_N$:スピーカアレイ

図 4.18 境界面音圧制御を用いる原音場再現のイメージ

または

$$\begin{bmatrix} X_1(\omega) \\ X_2(\omega) \\ \vdots \\ X_M(\omega) \end{bmatrix} \angle \phi_0(\omega)$$

$$= \begin{bmatrix} H_{1,1}(\omega) & \cdots & H_{N,1}(\omega) \\ H_{1,2}(\omega) & \cdots & H_{N,2}(\omega) \\ \vdots & \vdots & \vdots \\ H_{1,M}(\omega) & \cdots & H_{N,M}(\omega) \end{bmatrix} \begin{bmatrix} G_{1,1}(\omega) & \cdots & G_{M,1}(\omega) \\ G_{1,2}(\omega) & \cdots & G_{M,2}(\omega) \\ \vdots & \vdots & \vdots \\ G_{1,N}(\omega) & \cdots & G_{M,N}(\omega) \end{bmatrix} \begin{bmatrix} X_1(\omega) \\ X_2(\omega) \\ \vdots \\ X_M(\omega) \end{bmatrix} \quad (4.14b)$$

例えば,この関係を満足するフィルタの組 $\{G_{i,j}(\omega)\}$ は次のように計算される。

$$\begin{bmatrix} G_{1,1}(\omega) & \cdots & G_{M,1}(\omega) \\ G_{1,2}(\omega) & \cdots & G_{M,2}(\omega) \\ \vdots & \vdots & \vdots \\ G_{1,N}(\omega) & \cdots & G_{M,N}(\omega) \end{bmatrix} = \begin{bmatrix} H_{1,1}(\omega) & \cdots & H_{N,1}(\omega) \\ H_{1,2}(\omega) & \cdots & H_{N,2}(\omega) \\ \vdots & \vdots & \vdots \\ H_{1,M}(\omega) & \cdots & H_{N,M}(\omega) \end{bmatrix}^{+} \angle \phi_0(\omega) \quad (4.15)$$

ただし，$^{+}$ は一般逆行列を表す．

境界面音圧制御を用いる波面合成方法の特徴は次のように整理される[35]．

① 再生音場の境界にスピーカを配置する波面合成方法に比べ，系の複雑さは増すが，制御点数を増やして制御点間隔を狭めることにより，制御可能な周波数範囲を拡大できる可能性や，式 (4.15) に示すフィルタ $G_{i,j}(\omega)$ を用いることにより，ある程度の響きのある空間内に再生音場を設定できる可能性を有する．

② トランスオーラル系に比べ系の複雑さは増すが，スピーカ配置の任意性を用いて再生音場内と再生音場境界との間の音響的相互作用を小さく保つ工夫により頭部の回転や前後移動などの聴き手姿勢の変化に対する耐性の高い原音場再現を実現できる可能性を有する．

また，**スイートスポット**以外で複数音源の方位を提示可能なバイノーラル再現[28),29)]の研究も進められており，音源方向の推定によりパラメトリックに表現した波面と逆フィルタリングのハイブリッド構造をもつ，聴き手移動に頑健な音場再現手法が提案されている．波面の変動を時変フィルタにより追従することにより，複数音源が存在する状況での波面の解析・合成を行い，合成波面を一般逆行列の任意項で近似することにより，制御点における再現精度を劣化させることなく，スイートスポット以外で複数音源の方位を提示できる．主観評価実験とシミュレーション実験結果でその有効性が確認されているが，到来波面が聴き手の後方の場合の DOA 推定は今後の課題である．

引用・参考文献

1) B. Widrow and E. Walach: Adaptive signal processing for adaptive control, Proc. ICASSP'84, **21**, pp.1-4 (1984)
2) H. Møller: Fundamentals of binaural technology, Applied. Acoustics., **36**, pp.171-218 (1992)
3) H. Møller, D. Hammershøi, C. B. Jensen and M. F. Sørensen: Transfer characteristics of headphones measured on human ears, J. Audio Eng. Soc., **44**, pp. 451-468 (1996)
4) F. L. Wightman and D. J. Kistler: Headphone simulation of free-field listening. II: Psychophysical validation, J. Acoust. Soc. Am., **85**, pp.868-878 (1989)
5) E. M. Wenzel, M. Arruda, D. J. Kistler and F. L. Wightman: Localization using nonindividualized head-related transfer functions, J. Acoust. Soc. Am., **94**, pp.111-122 (1993)
6) M. Morimoto, K. Iida and M. Itoh: Upper hemisphere sound localization using head-related transfer functions, Acoust. Sci. & Tech., **24**, pp.267-275 (2003)
7) H. Wallach: On sound localization, J. Acoust. Soc. Am., **10**, pp.270-274 (1939)
8) H. Wallach: The role of head movements and vestibular and visual cues in sound localization, J. Exp. Psych., **27**, pp.339-368 (1940)
9) Y. Iwaya, Y. Suzuki and D. Kimura: Effects of head movement on front-back error in sound localization, Acoust. Sci. & Tech., **24**, pp.322-324 (2003)
10) S. Perrett and W. Noble: The effect of head rotations on vertical plane sound localization, J. Acoust. Soc. Am., **102**, pp.2325-2332 (1997)
11) W. L. Martens and S. Kim: Dominance of head-motion-coupled directional cues over other cues during active localization using a binaural hearing instrument, Proc. the 10th Western Pacific Acoustics Conference (2009)
12) G. L. Calhoun and W. P. Janson: Eye and head response as indicators of attention cue effectiveness, Proc. the Human Factors Society 34th annual meeting, pp.1-5 (1990)
13) I. Toshima, H. Uematsu and T. Hirahara: A steerable dummy head that tracks three-dimensional head movement: TeleHead, Acoust. Sci. & Tech., **24**, pp.327-329 (2003)
14) 稲永潔文, 山田佑司, 小泉博司：頭部運動による動的頭部伝達関数を模擬したヘッドホンシステム, 信学技報, **EA94-94**, pp.1-8 (1995)
15) M. R. Schroeder and B. S. Atal: Computer simulation of sound transmission in rooms, IEEE Int. Conv. Rec. part 7, pp.150-155 (1963)

16) P. Damaske:Head-related two-channel stereophony with loudspeaker reproduction, J. Acoust. Soc. Am., **50**, pp.1109-1115 (1971)
17) 浜田晴夫：基準的収音・再生を目的とする Orthostereophonic System の構成, 音響会誌, **39**, pp.337-348 (1983)
18) M. Morimoto and Y. Ando: On the simulation of sound localization, J. Acoust. Soc. Jpn (E), **1**, pp.167-174 (1980)
19) O. Kirkeby, P. A. Nelson and H. Hamada: Local sound field reproduction using two closely spaced loudspeakers, J. Acoust. Soc. Am., **104**, pp.1973-1981 (1998)
20) T. Ishii, Y. Ishii and K. Iida: A study on 3D sound image control by two loudspeakers located in the transverse plane, Proc. the 1st International Workshop on the Principles and Applications of Spatial Hearing, D2 (2009)
21) 柳井晴夫, 竹内 啓：射影行列・一般逆行列・特異値分解, 東京大学出版会 (1983)
22) 永田 悠, 立蔵洋介, 猿渡 洋, 鹿野清宏：音場再現システムにおける環境変化に適応的な逆フィルタの逐次的緩和アルゴリズム, 電子情報通信学会論文誌, **J86-A**, pp.824-834 (2003)
23) Y. Tatekura, S. Urata, H. Saruwatari and K. Shikano: On-line relaxation algorithm applicable to acoustic fluctuation for inverse filter in multichannel sound reproduction system, IEICE Trans., Fundamentals, **E88-A**, pp.1747-1756 (2005)
24) M. Miyoshi and Y. Kaneda: Inverse filtering of room acoustics, IEEE Trans, ASSP, **36**, pp.145-152 (1988)
25) P. A. Nelson, F. Orduna-Bustamante and H. Hamada: Multichannel signal processing techniques in reproduction of sound, J. Audio Eng. Soc., **44**, pp.973-989 (1996)
26) S. T. Neely and J. B. Allen: Invertibility of a room impulse response, J. Acoust. Soc. Am., **66**, pp.165-169 (1979)
27) 神沼充伸, 伊勢史郎, 鹿野清宏：周波数領域における最小ノルム解を利用した多チャネル音場再現システムにおける逆フィルタの設計, 音響会誌, **57**, pp.175-183 (2001)
28) 湯山雄太, 宮部滋樹, 猿渡 洋, 鹿野清宏：スイートスポット以外で複数音源の方位を提示可能なバイノーラル再現, 信学技報, **EA2007-94**, pp.49-54 (2007)
29) Y. Yuyama, S. Miyabe, H. Saruwatari and K. Shikano: Hybrid structure of inverse filtering and DOA-parameterized wavefront synthesis, Proc. ICASSP 2008, pp.401-404 (2008)
30) A. J. Berkhout: A holographic approach to acoustic control, J. Audio Eng. Soc., **36**, pp.977-995 (1988)
31) A. J. Berkhout, D. de Vries and P. Vogel: Acoustic control by wave field synthesis,

J. Acoust. Soc. Am., **93**, pp.2764-2778（1993）

32) G. Theile and H. Wittek: Wave field synthesis：A promising spatial rendering concept, Acoust. Sci. & Tech., **25**, pp.393-399（2004）

33) D. de Vries: AES Monograph: Wave Field Synthesis, Audio Eng. Soc.（2009）

34) 古家賢一，一ノ瀬裕：境界面音圧による閉空間の音場制御，信学技報，**EA90-15**，pp.25-32（1990）

35) 伊勢史郎：キルヒホッフ-ヘルムホルツ積分方程式と逆システム理論に基づく音場制御の原理，音響会誌，**53**，pp.706-713（1997）

36) 石田俊介，穂刈治英，島田正治，柿山和範：超小型スピーカアレイを用いた平面波合成法に関する検討，信学技報，**EA2006-55**，pp.1-6（2006）

37) 鎌土記良，穂刈治英，島田正治，猿渡　洋，鹿野清宏：多点制御波面合成法とWave Field Synthesis による合成波面の比較検討，信学技報，**EA2009-40**，pp.19-24（2009）

第5章
音源方向推定・音源分離

　本章では，音源の方向を，多数のマイクロホンを利用したアレイで観測された信号や，左右耳で観測された両耳情報により推定する手法を議論する。さらに，音源方向の推定結果に基づき音源信号を分離抽出する手法についても，基本的な考え方と，これまでに提案された2つの両耳聴モデルを中心に具体的な処理についても述べる。また，音源方向の推定に関しては，方位角のみならず仰角の推定や前後方向の推定についても議論する。最後に，マイクロホンアレイによる音源方向推定・音源分離の応用例について言及する。

5.1　音源方向推定の基礎的な考え方とその分類

　ある音空間において特定の音源の方向を推定することや，複数の音源が存在するなかで特定の音源からの信号を分離抽出することは，人間の聴覚を理解するうえでも，**ヒューマノイドロボット**などを実現するための工学的な応用からも，興味深いテーマである。

　このような研究分野において，従来から複数のマイクロホンを利用する手法が数多く提案されており，いまなお研究開発が盛んに行われている。**マイクロホンアレイ**による**音源方向推定**および**音源信号の分離抽出**は，大きく2つの手法に分類される。いま，注目している音源を S_0 とし，それ以外に3つの音源 S_1, S_2, S_3 が存在するとき，音源 S_0 の方向を推定したり，この音源からの信号成分を分離抽出したいとする[1),2)]。

　最も一般的な方法は，特定の音源 S_0 の方向に**主ビーム**を構成し，その方向

に対するゲインを維持したまま，それ以外の方向に対してゲインを抑制するというもので，**ビームフォーミング**（beam forming）と呼ばれている。この方法は，**遅延和アレイ**（delay-sum-array）**法**とそれを改良した手法に代表される。遅延和アレイ法は，各マイクロホンで観測される信号を，音源 S_0 の信号が時間同期されるように遅延を調整したうえで加算するというもので，典型的な指向特性は**図 5.1**（a）のように表現できる。観測信号間の位相差を利用してビームを構成するため，特に低周波数帯域では遅延和アレイ法では十分な方向推定精度や信号の分離性能が得られない。このため，**MUSIC**（multiple signal classication）**法**[3]など音源方向推定に特化した手法や，各音源のもつ統計的な性質の違いを利用した**独立成分分析**（ICA：independent component analysis）**法**に基づく**ブラインド分離**（BSS：blind source separation）[4]**法**などが開発されている。

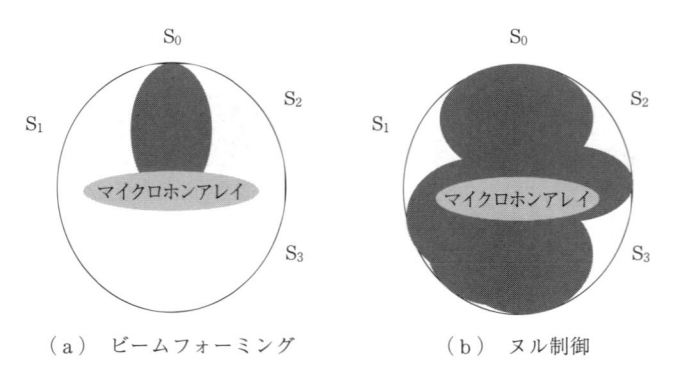

図 5.1 マイクロホンアレイでの典型的な指向特性
（S_0：信号，S_1, S_2, S_3：雑音）

（a）ビームフォーミング　　（b）ヌル制御

第 2 の方法は，注目しない音源，すなわち S_1, S_2, S_3 の方向に対するゲインをすべて最小化することで，注目している音源 S_0 の信号成分のみを抽出するもので，**ヌル制御**と呼ばれている。代表的な手法には，**AMNOR**（adaptive microphone array for noise reduction）**法**[5]がある。この方法での典型的な指向特性は，図（b）のように表現できる。N 個の音源がある音場において，空間的に分布した M 本のマイクロホンからなるアレイを利用して，特定の音源か

らの信号成分を抽出には，音源数 N が，マイクロホン数 M よりも少ないという条件を満たす必要があることが，**多入力多出力系逆フィルタ理論（MINT：the multiple input-output inverse-filtering theorem）**[6] により示されている。

一方，人間は左右両耳，すなわち2チャネルの入力のみを利用して，複数の音源の方向を推定し，特定の音源からの音に注意を向けることができることはよく知られている。いま，**図5.2**のように，2本のマイクロホン（M_1, M_2）からなるアレイで，1つの音源 S_0 を観測する場合を考える。音源からそれぞれのマイクロホンまでの直線距離を，D_{01}〔m〕および D_{02}〔m〕とすれば，音速を c〔m/s〕とすると伝搬に要する時間 τ_1, τ_2〔s〕は，$\tau_1 = D_{01}/c$, $\tau_2 = D_{02}/c$ と与えられる。もし，2本のマイクロホン間での信号遅延 $\tau = \tau_1 - \tau_2$ が観測可能であり，その測定値を $\hat{\tau}$ とすれば，2本のマイクロホンを結ぶ直線と，マイクロホン間の中点と音源を結ぶ直線のなす角 θ_0 は，音源がマイクロホンから十分に遠い場合，マイクロホン間の距離を L〔m〕とすると

$$\theta_0 = \cos^{-1} \frac{\hat{\tau} c}{L} \tag{5.1}$$

と表される。

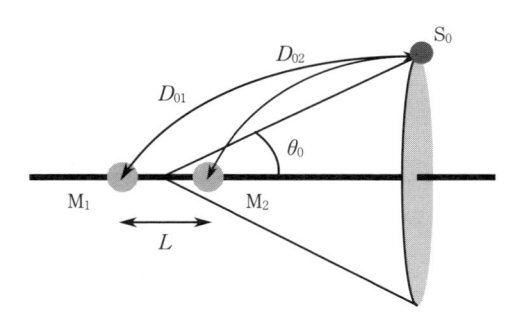

図5.2 2本のマイクロホン（M_1, M_2）での音源 S_0 の方向推定における不確定性

このことは，2本のマイクロホンで観測された信号の時間差から，音源の方向が推定できることを意味している。しかし，2本のマイクロホンを結ぶ直線に対して一定の角度をもつ方向は，図5.2に示すように音源 S_0 を含む円周を

含むコーン状の領域上に分布することになり，音源の方向は一意には定まらない。一方，2本のマイクロホン間の距離 L に比較し音源が近距離にある場合，観測された遅延差 τ に対応する音源の候補位置は放物線上に分布するが，遠距離の場合と同様に音源方向の不確定性が生じる。音源までの距離によらず生じるこの不確定性は，**コーン状の混同**（cone of confusion）と呼ばれている。

2本のマイクロホンからなる直線マイクロホンアレイと比較すると，頭部伝達関数は

① 音源から両耳までの距離差による影響に加え，頭部の回折による影響で，左右耳で観測される信号に時間差および強度差が生じる点
② 耳介による共振特性や肩や胸部による反射が音源の方向に依存する形で時間差および強度差に影響する点

で異なる。残響のある音場において複数の音源が存在する場合も，人間が聴覚情報のみで音源の方向を推定したり，特定の音源からの信号に注目することができたりするのは，頭部伝達関数に含まれる前述の2つの情報をうまく活用しているためであると考えられる。さらに，視聴覚情報の融合や運動系との連携[7],[8]により，確度の高い音源方向の推定を行っていると考えられている。

5.2 両耳間時間差（両耳間位相差）・両耳間レベル差の基本特性

頭部伝達関数に含まれる情報は，前節で議論したように両耳間差として表現されるものと，2章で議論されているように，単耳においても得られる周波数特性のピークおよびノッチにより表現されているものとに分けることができる。人間は，単耳から得られる情報を，音源方向の推定や特定方向からの音源信号の分離抽出に利用していると想定されているが，両耳間差の情報が利用できる領域ではそちらを優先していると想定されるので，ここでは両耳間差に基づく情報を中心に議論を進める。

両耳間の差として観測される情報は，第2章で議論されているように左右耳で観測される信号間の伝達時間差である両耳間時間差（ITD）と，回折や共振

5.2 両耳間時間差（両耳間位相差）・両耳間レベル差の基本特性

による影響を反映した左右耳で観測される信号間のレベル差である**両耳間レベル差**（**ILD**）として表現される。なお，両耳間レベル差は，**両耳間強度差**（**IID**：interaural intensity difference）と呼ばれる場合もある。例えば，システム論でのインパルス信号に相当するクリック音が音源から放射されるとすれば，両耳間時間差は主として伝搬経路の長さに依存する到着時間の差となり，両耳間レベル差は頭部による回折や上半身での反射などによる左右で観測される信号のレベル差に対応する。さらに，伝搬特性が周波数の関数，すなわち伝達関数として表現されることを考慮すれば，両耳間時間差に代わり**両耳間位相差**（**IPD**：interaural phase difference）を用いて表現することもできる。

いま，頭部の大きさに比較して十分離れた音源から左右耳までの頭部伝達関数を，それぞれ $H_l(\omega)$, $H_r(\omega)$ とすると，左耳を基準にした両耳間位相差 $IPD(\omega)$ および両耳間レベル差 $ILD(\omega)$ は

$$IPD(\omega) = \arg(H_r(\omega)) - \arg(H_l(\omega)) \tag{5.2}$$

$$ILD(\omega) = 20\log(|H_r(\omega)|) - 20\log(|H_l(\omega)|) \tag{5.3}$$

と表現される。ここで，$\arg(H(\omega))$ は，伝達関数 $H(\omega)$ の位相角を表す。図 5.3 は，マサチューセッツ工科大学（MIT）の公開している KEMAR ダミーヘッドの頭部伝達関数[9]を，仰角 0°，方位角 −90°〜+90°（正面を 0°）の範

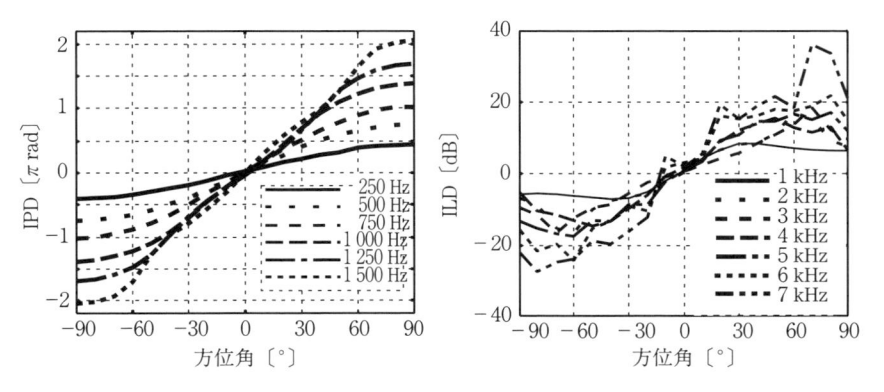

（a） 方位角に対する IPD の変化（低域）　　（b） 方位角に対する ILD の変化（高域）

図 5.3 KEMAR ダミーヘッドの水平面での IPD と ILD と方位角の関係[9]

囲で IPD と ILD の形で図示したものである。図（a）は，信号周波数 250～1 500 Hz の IPD を，位相回転による不連続部を連続的に変化させた形（unwrap 処理した形）で示している。いま，このダミーヘッドを利用して収録した信号音の 750 Hz 成分での IPD が $+0.5\pi$〔rad〕であったとすると，図よりこの周波数成分の到来方向は，おおよそ $+30°$ であると推定される。信号周波数が高くなると，方位角に対応した IPD は大きくなり，1 000 Hz 以上になると IPD が $\pm\pi$〔rad〕を超えるため，特定の周波数で観測された IPD から，方位角を一意に推定することができなくなる。また，1 500 Hz 以上になると方位角 0～90°の範囲で，2π〔rad〕以上位相が回転するため，これ以上の周波数帯域では方向推定に関する多義性が増し，IPD のみから方位角を求めることは難しくなる。一方，音の立ち上がりなど過渡状態において高い周波数領域で ITD を計測することも可能であるが，定常音については，IPD と同様な不確定が生じることになる。このことは，人間の方向知覚において，ITD（IPD）が有効に働くのが約 1 500 Hz 以下の周波数帯域であることと対応していると考えられる。

一方，図（b）は，信号周波数 1～7 kHz における方位角に対する ILD の変化を，図（a）と対応した形で示している。方位角に対応した IPD の変化に比較すると，ILD の変化は一様ではないが，正面方向周辺（方位角 $-30°$～$+30°$）では 1～5 kHz の変化は方位角におおむね比例した変化が見られる。しかし，方位角の絶対値が 30°を超えると，ILD の変化はある平均的な値に変動成分が重畳した形になっている。このことは

① 頭部による回折現象により生じるレベル変化
② 頭部前後などの伝搬経路間の干渉により生じるレベル変化
③ 耳介の共振特性により生じるレベル変化

などが複雑に重畳し，ILD が生成されていることに対応している（Blauert[10] の 2.2.2 The Pinna and the effect of the head 参照）。さらに周波数が高くなると，前述のレベル変化はより大きくなるため，方位角の変化に対して ILD が複雑に変化する。このため，両耳で観測した信号の ILD を求めることで，

音源の方位角の絶対値が小さい場合は,その角度を一義的に推定可能であるが,方位角の絶対値が大きくなると,音源方向の推定値は不確定性が増す。

一方,頭部伝達関数自体に,5 kHz 以上の周波数帯域に重要な情報が含まれていることが知られている[11]。図 2.18 は,20 kHz 以下の帯域における頭部伝達関数とその特徴を表す極(P1,P2,P3,P4)ならびに零(N1,N2,N3)を模式的に示している。この極ならびに零の周波数間の相対関係が,音源定位に大きな影響を及ぼすことが確かめられている。特に,正中面など IPD,ILD の情報が本質的に得られない方向において,仰角方向の定位に,重要な役割を果たしていることが明らかになっている。このことは,図 2.19 に示す正中面での仰角方向に対する頭部伝達関数の変化における N1 および N2 の系統的変化からも推測される。

5.3　両耳聴モデルの例

5.3.1　両耳間相互相関を用いた古典的モデル

両耳聴による音源方向推定や特定の方向からの音響信号を強調することを想定した**両耳聴モデル**が,数多く提案されている。その基礎的な研究は,1948年の Jeffress[12] の「音源定位に関する場所説」という論文にさかのぼることができる。この研究では聴覚現象を説明するためのモデルという位置づけが中心であった。

音源方向の情報は,前節で議論したように主として ITD(または IPD)および ILD に含まれている。Jeffress は,左右両耳信号に対応した 2 つの遅延路と両遅延路間を結ぶ乗算器により相互相関処理を行うことで音源方向を推定できると整理し,Colburn が Jeffress のモデルを拡張し,**図 5.4** に示す **Jeffress-Colburn モデル**を構築した。図中の $\Delta\tau$ は一定時間の遅延,× は乗算器,$\int$ は処理結果の時間平滑を行うための積分器を示している。ITD が 0 の場合には遅延路の中心に対応する"場所"の出力(図の出力 3)が極大となり,ITD が変化すればそれに対応し出力が極大になる"場所"が変化することになる。この

5. 音源方向推定・音源分離

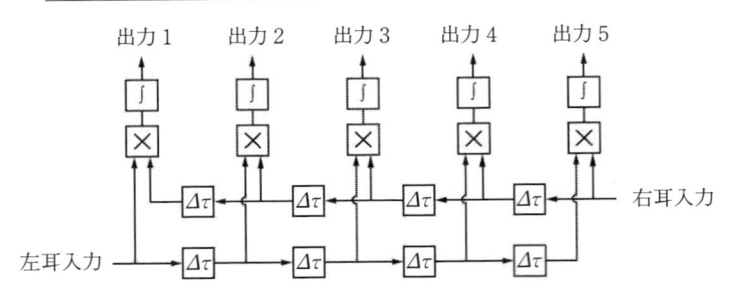

出力1　出力2　出力3　出力4　出力5

図 5.4 Jeffress-Colburn モデル（両耳間相互相関器による両耳聴モデル）

モデルには，ILD による音源方向情報を反映する機能は明示的には示されていないが，音のレベルが大きくなるにつれ遅延 $\Delta\tau$ を小さくすることにより，ILD を ITD に置き換えて表現できるとしている。

5.3.2 カクテル・パーティ・プロセッサ

ルール大学の Blauert のグループは永年にわたり両耳聴に関する研究を広範に展開し，それらの知見をもとに両耳聴モデルを構築してきた。このモデルは，Jeffress-Colburn の遅延路を用いたモデルを拡張したもので，音源定位に関する心理音響現象をモデル化するために Lindeman[13] がその基礎を構築し，Gaik[14] が拡張し，Bodden[15] が**カクテル・パーティ・プロセッサ**（cocktail-party-processor）として，音源方向推定機能のみならず特定方向の信号抽出機能をもつ形に整理した。

このモデルは，両耳信号をいくつかの周波数帯域に分割し，各帯域で**両耳間相互相関**（inter-aural cross-correlation）を求めることにより，音源方向を抽出するとともに，特定方向の信号成分の抽出を行っている。Jeffress-Colburn モデルを基礎とする種々の両耳聴モデルと比較し，このモデルは

　① **対側抑制**(contra-lateral inhibition)機能により先行音効果を模擬できる点
　② ILD の影響を ITD に反映させるための機能を実現している点
　③ 両耳間相関器の端点に，単耳入力に対応する機能を実装している点

にその特徴がある。ここでは，このモデルの詳細を見ていく[15),16)]。

5.3 両耳聴モデルの例

図 5.5 にカクテル・パーティ・プロセッサで用いられている時間領域両耳聴モデルの構成を示す．まず，**蝸牛**を周波数分析器としてとらえ，図中ブロック A のフィルタバンクとして実現している．各サブバンド信号は，**基底膜**の振動を神経発火に変換する**有毛細胞**を入力信号のレベルを神経の発火確率に対応させる形で模擬したブロック B で処理される．ブロック B で変換された左右耳の入力信号を，ブロック C の**両耳間相互相関器**に入力することで，両耳間の共通事象を検出する．最後に，ブロック D で，音源方向に関する情報（パラメータ）を抽出するとともに，特定方向からの信号を分離抽出する．

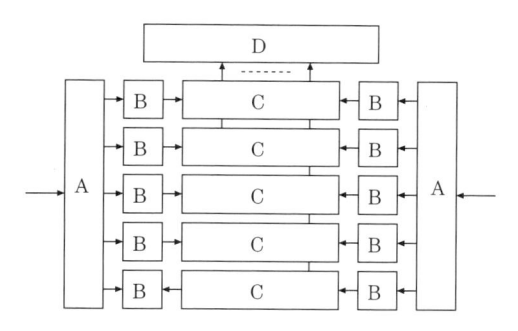

A：フィルタバンク　　C：両耳間相互相関器
B：有毛細胞モデル　　D：パラメータ抽出器

図 5.5 カクテル・パーティ・プロセッサで用いられている時間領域両耳聴モデルの構成

〔1〕 **フィルタバンク**（ブロック A）　　ブロック A の周波数分析は，基底膜の周波数分析機能を実現するため，**臨界帯域フィルタバンク**または**図 5.6** に示す周波数特性をもつ**ガンマトーンフィルタバンク**として実装する．

〔2〕 **有毛細胞モデル**（ブロック B）　　フィルタバンクで帯域分割した信号を半波整流し，遮断周波数 800 Hz の低域通過フィルタでろ波したうえで，この信号の平方根を取り最大振幅に対する正規化処理を行うことで，有毛細胞による信号整形機能を簡略化した形で模擬している．

〔3〕 **両耳間相互相関器**（ブロック C）　　両耳間相互相関器は，時間領域両耳聴モデルの中核をなすブロックで，Jeffress-Colburn モデル同様に，左右

138   5. 音源方向推定・音源分離

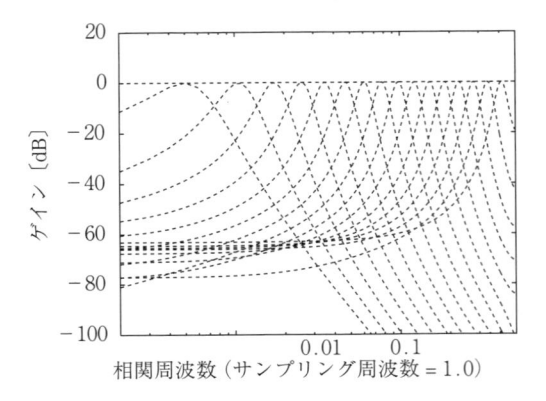

図 5.6 ブロック A で使用するガンマトーンフィルタバンクの周波数特性

信号に対応する 2 つの遅延線路と両者を結び付つける相関器から構成されている。

まず,遅延線路の最大遅延タップを M とし,遅延線路のインデックスを m ($-M \leq m \leq M$) と表現するものとする。サンプリング周期を T_s〔s〕とすれば,各タップ間の遅延 $\Delta\tau$ は,$\Delta\tau = 2T_s$ と与えられ,最大遅延タップ M は,平均的な人間の頭部の大きさと,それに対応する音の伝搬遅延が 1 ms 以下であることから,$M = 0.001/\Delta\tau$ と定義できる。次に,$r(m, n)$ および $l(m, n)$ を,タップ m と時刻 n における左右それぞれの遅延線路内の信号とする。遅延線路の入力信号は,遅延線路内信号成分を,線路内最大信号を短時間平均化した値で正規化している。

瞬時相互相関値 $k(m, n)$ は

$$k(m, n) = l(m, n) r(m, n) \tag{5.4}$$

と表現される。これから,両耳相関器の出力 $\Psi(m, n)$ は,瞬時相互相関値の時間平均値として

$$\Psi(m, n) = \sum_{i=-\infty}^{n} k(m, n) e^{-(n-i)/T_{inh}} \tag{5.5}$$

と表現される。ここで,T_{inh} は平均操作のための時定数である。時間領域両耳聴モデルの両耳間相互相関器は,図 5.4 に示す Jeffress-Colburn モデルの基本

構成に，対側信号の伝搬を抑制する機能を加えることにより，音の立ち上がり検出を実現し，これにより先行音効果をモデル化しようとしている。具体的には，値域を $[0, 1]$ とする対側抑制係数 $i_l(m, n)$ および $i_r(m, n)$ を，定常信号に対する抑制成分 $i_{l,s}$ および $i_{r,s}$ と，非定常信号に対する抑制成分 $i_{l,d}$ および $i_{r,d}$ により

$$i_l(m, n) = i_{l,s}(m, n) i_{l,d}(m, n) \tag{5.6}$$

$$i_r(m, n) = i_{r,s}(m, n) i_{r,d}(m, n) \tag{5.7}$$

と定義し，これに基づき両耳相関器の遅延線路を伝搬する信号成分 $l(m, n)$ および $r(m, n)$ を

$$l(m-1, n+1) = l(m, n) i_l(m, n) \tag{5.8}$$

$$r(m+1, n+1) = r(m, n) i_r(m, n) \tag{5.9}$$

のように制御する。

なお，定常信号に対する対側抑制 $(i_{l,s}, i_{r,s})$ は ILD に対応する特性を制御する形で定義し，非定常信号に対する抑制 $(i_{l,d}, i_{r,d})$ は先行音効果を模擬するための立ち上がりに対する比較的大きな時定数をもつ非線形低域通過フィルタの出力として定義される。

Gaik[14] は，実測された HRTF における ILD と ITD の組合せから，次式で表現されるように ILD を ITD に変換する形で，モデルに追加的な荷重関数 $w(m)$ を導入した。

$$l(m-1, n+1) = l(m, n) w(m) i_l(m, n) \tag{5.10}$$

$$r(m+1, n+1) = r(m, n) w(-m) i_r(m, n) \tag{5.11}$$

この追加的な荷重は，左右両耳間のレベル差 $\Delta L(m)$ に関する次のような関係を充足する。

$$\sum_{i=-M}^{m} w(-i) - \sum_{i=m}^{M} w(i) = -\Delta L(m) \tag{5.12}$$

この左右両耳間のレベル差 $\Delta L(m)$ は，タップ m が時間差に対応することから ITD δT の関数として次式のように一般化された形で，モデル化することが

できる。

$$\Delta L(\delta T) = P_{max}(1 - e^{-P_{slope}(\Delta T - P_{offset})}) \tag{5.13}$$

この関数は，レベル差 ΔL を3つのパラメータ，すなわち最大レベル差 P_{max}〔dB〕，ITD に対する ILD の変換係数の傾き P_{slope}〔dB/ms〕，そしてこの変換係数のオフセット P_{offset}〔s〕により，ITD δT の関数として表現している。この関数を用いて**荷重関数** $w(m)$ は次式のように表現される。

$$w(m) = 10^{\Delta L(mT_s/2) - \Delta L((m+1)T_s/2)} \tag{5.14}$$

〔4〕 **両耳間相互相関器からの情報抽出**（ブロックD） 両耳間相互相関器の出力は，特定の ITD に対応する出力の増加として，音の立ち上がりと，その信号の到来方向を抽出することができる。両耳間相互相関器は遅延路の時間遅延単位（$\Delta \tau$）ごとにパラメータを抽出できるが，実際の方向推定などは時間平均を行う必要がある。

この時間領域両耳聴モデルを統合する形で，Bodden[15] は音源方向の推定ならびに特定の方向から信号抽出を行うカクテル・パーティ・プロセッサを提案した。**図 5.7** がその構成で，図中の前処理がブロック A，B に対応し，両耳聴モデルがブロック C に対応する。ウィナー・フィルタは，両耳聴モデルでの分析結果に基づき，帯域分割された各周波数帯域に荷重をかけることで，特定の到来方向からの信号成分のみを抽出している。この抽出信号が，カクテル・パーティ・プロセッサとしての出力信号である。

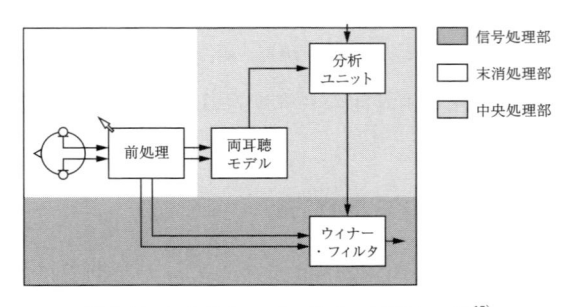

図 5.7 カクテル・パーティ・プロセッサ[15]

5.3.3 周波数領域両耳聴モデル

Jeffress-Colburn モデルやそれを展開したカクテル・パーティ・プロセッサは，基本的にバンドパスフィルタを利用した周波数分析を行い時間領域で処理を行っている．狭帯域信号に対して両耳間相互相関処理を行った場合，1 500 Hz 以上の周波数帯域において位相回転に基づく多義性が IPD に生じるが，それ以下の周波数帯域では一意に決定できる．このことはある周波数以下の帯域で，求めた両耳間位相差（IPD）が一意に ITD に対応していることを意味する．ILD が周波数領域で直接得られることから，周波数領域で両耳聴モデルを実装することも可能である．ここでは，**周波数領域両耳聴モデル**（FDBM: frequency domain binaural model）の具体的実装について議論する．

〔1〕 **周波数領域両耳聴モデルの概要** 図 5.8 に，ここで議論する周波数領域両耳聴モデルのブロック図を示す[17]．この周波数領域両耳聴モデルでは，IPD と ILD を利用して，音源の方向推定を行うとともに，特定の方向から到来する信号を分離抽出することができる．この周波数領域両耳聴モデルは，

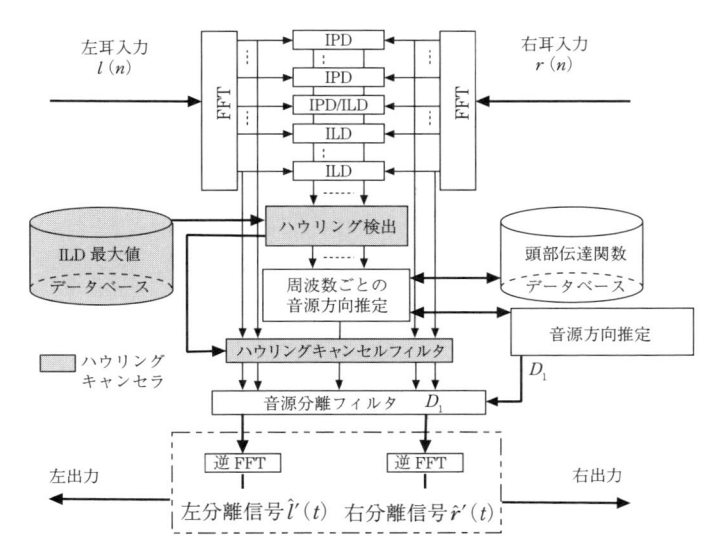

図 5.8 周波数領域両耳聴モデルのブロック図
（ハウリングキャンセラ実装）

次の 6 つのステップで構成される。

STEP 1 高速フーリエ変換（FFT）による左右両耳信号の時間周波数変換
STEP 2 クロススペクトルに基づく IPD および ILD 算出
STEP 3 補聴システムを想定したハウリング検出
STEP 4 HRTF データベースに基づく音源方向推定機能
STEP 5 推定した音源方向情報に基づく特定方向からの音響信号の分離抽出機能
STEP 6 逆 FFT による周波数時間変換

STEP 1 では，聴覚におけるフィルタバンクによる周波数分析に対応した処理と，以降の処理を周波数領域において行うための時間・周波数変換を同時に行っている。ただし，基底膜における周波数分析を模擬することはせず，対象とする信号の周波数帯域を等間隔に分析している点や，FFT の性質から連続的な時間処理ではなく，FFT の分析フレームごとの離散的な処理となる。なお，ギブス現象の抑制などのため，分析に先だってハニング窓での切り出しを行っている。以降，STEP 1 で求めた左右入力信号のスペクトルを，$L(k)$，$R(k)$ と表現する。ただし，k は周波数インデックスである。

STEP 2 では，IPD（$\theta_{lr}(k)$ とする）ならびに ILD（$\xi_{lr}(k)$ とする）を，クロススペクトル $C_{lr}(k)$ を利用し，次式のように算出する。

$$\theta_{lr}(k) = \tan^{-1}\left(\frac{\mathrm{Im}(C_{lr}(k))}{\mathrm{Re}(C_{lr}(k))}\right) \tag{5.15}$$

$$\xi_{lr}(k) = 20 \log\left|\frac{C_{lr}(k)}{C_{ll}(k)}\right| \tag{5.16}$$

ここで，クロススペクトル $C_{lr}(k)$ は，次式で定義される。

$$C_{lr}(k) = L^*(k) R(k) \tag{5.17}$$

また，$\mathrm{Im}(\cdot)$，$\mathrm{Re}(\cdot)$ はそれぞれ引数の虚部，実部を表す。

STEP 3 は，周波数領域両耳聴モデルを補聴器に応用する際に必要となるハウリングキャンセラである。例えば，**図 5.9** に示す両耳補聴プロトタイプシステムのようにマイクロホンとスピーカを近接して設置した場合，装着状況や

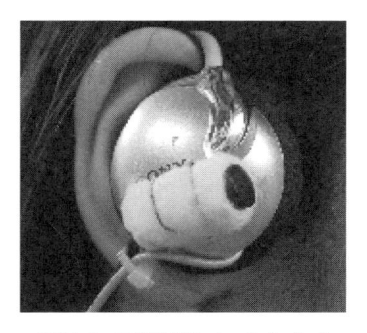

図 5.9 両耳補聴プロトタイプシステム

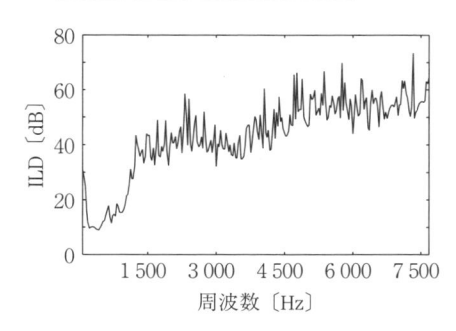

図 5.10 ハウリング検出用 ILD 最大値

増幅率によっては，簡単にハウリングが生じてしまうため，補聴器などへの応用では安定したハウリング制御は不可欠である。観測された ILD $\xi_{lr}(k)$ の絶対値が HRTF データベースに登録されている ILD の最大値 $\xi_{max}(k)$ を超えた場合，通常の音源により生じる ILD ではないことから，この周波数帯域においてハウリングが生じていると判断される。**図 5.10** は，名古屋大学の公開している頭部伝達関数カタログ[18]に登録されている 96 名分の頭部伝達関数から導出したハウリング検出に用いた ILD の最大値 $\xi_{max}(k)$ をプロットしたものである。

観測信号のある周波数インデックス k' に対応する ILD の絶対値 $|\xi_{lr}(k')|$ が，$|\xi_{lr}(k')| \geq \xi_{max}(k')$ を満たした場合，この周波数でハウリングが生じている。その際，ハウリングキャンセルに用いる周波数領域荷重関数 $W(k)$ は

$$W(k) = \begin{cases} 0 & (k = k') \\ \gamma\left[0.5\left[1 - \cos\left(\frac{2\pi(k-k')}{k_{wid}} + \pi\right)\right]\right] & (k' - k_{wid}/2 \leq k \leq k' + k_{wid}/2) \\ 1 & (その他) \end{cases}$$

(5.18)

と表現される。

ここで，k_{wid} は周波数荷重を付与する帯域幅に対応する周波数ビンの数，γ は減衰係数を表す。周波数 k でハウリングが生じた際に，**図 5.11** の上図（実線）のように入力信号スペクトルが与えられた場合，式 (5.18) で定義した荷

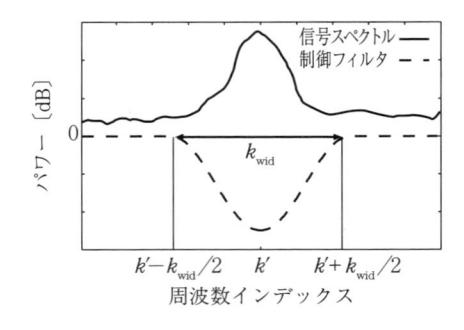

図 5.11 ハウリングが生じた時点での入力信号スペクトル（上図）とそれに対するハウリング抑制用の周波数領域の荷重関数 $W(k)$

重関数 $W(k)$ は，図 5.11 の下図（点線）のように表現される。ハウリングキャンセラの具体的なアルゴリズムは，Matsuo *et al.*[19) を参照されたい。なお，両耳補聴モデルを単に音源方向の推定に用いる場合や，正面方向からの信号のみを抽出する場合，ハウリングキャンセラは省略できる。

STEP 4 では，周波数インデックス k ごとに観測された IPD と ILD をもとに，**音源方向**（DOA：direction of arrival）を求める。

まず，方位角 ϕ 仰角 ψ 周波数インデックス k に対して観測された IPD と ILD それぞれをもとに，探査対象方向 $D_{IPD}(k, \phi, \psi)$, $D_{ILD}(k, \phi, \psi)$ を次のように定義する。観測した IPD と ILD それぞれを，あらかじめ求めた**頭部伝達関数データベース**と比較し，これらが一定の範囲内にある方向 (ϕ, ψ) すべてに対して，信号成分の到来方向として可能性のある方向とし，探査対象方向 $D_{IPD|ILD}(k, \phi, \psi)$ に 1 を与え，それ以外の場合は $D_{IPD|ILD}(k, \phi, \psi) = 0$ とする。さらに，IPD と ILD それぞれに基づく探査対象方向を次式のように荷重平均することで

$$D(k, \phi, \psi) = \beta(k) D_{IPD}(k, \phi, \psi) + (1 - \beta(k)) D_{ILD}(k, \phi, \psi) \quad (5.19)$$

探査対象方向 $D(k, \phi, \psi)$ を求める。ここで，周波数領域の荷重関数 $\beta(k)$ は，IPD に対応する重みであり，$\beta(k)$ および $1 - \beta(k)$ には**図 5.12** に示す特性をもたせる。図中，横軸は周波数，縦軸は荷重であり，f_{sIPD} と f_{eIPD} および f_{sILD} と f_{eILD} は，それぞれ IPD と ILD に対する荷重を変化させる周波数の開始点および終止点である。聴覚において，低周波領域では IPD（ITD）が方向推定に利用されていることや，1 500 Hz を超える高周波数領域では ILD が音源定

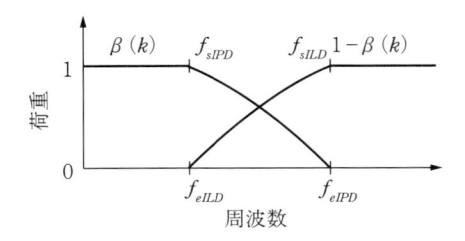

図 5.12 IPD と ILD に対する荷重の周波数による変化

位に大きく寄与しているとされていること[20]を反映した形で，荷重関数 $\beta(k)$ を設定している。

このようにして求めた各周波数における探査対象方向 $D(k, \phi, \psi)$ を，観測信号のパワーに比例した重み関数 $E(k)$ を乗じたうえで累積する。累積値の最大値を与える方向が，音源方向の推定値 $(\hat{\phi}, \hat{\psi})$ となる。すなわち，音源方向の推定値は次式で与えられる。

$$(\hat{\phi}, \hat{\psi}) = \left\{ \phi, \psi \,\middle|\, \arg\max \left(\sum_k E(k) \cdot D(k, \phi, \psi) \right) \right\} \tag{5.20}$$

式 (5.20) による音源方向推定の流れを，具体的に例示したものが，**図 5.13** である。図 (a)〜(e) は，各周波数成分に対する探査対象方向 $D(k, \phi, \psi)$ に重み関数 $E(k)$ を乗じたうえで，$(\hat{\phi}, \hat{\psi})$ 平面でプロットしたもので，それを累積したものが図 (f) である。この図のピークに対応する方向が，音源方向の推定値 $(\hat{\phi}, \hat{\psi})$ である。これを図 5.8 のブロック図では，D_1 として示している。

STEP 5 では，推定された音源方向に基づき，この方向からの信号成分を抽出する。推定された方向からの音源成分を抽出する分離フィルタ $H(k)$ は，推定された音源方向情報 $(\hat{\phi}, \hat{\psi})$ に基づき

$$H(k) = D(k, \hat{\phi}, \hat{\psi}) \tag{5.21}$$

と定義することができる。

STEP 6 では，STEP 5 で求めた分離フィルタ $H(k)$ を用い，左右両チャネルの分離信号 $l'(n)$ および $r'(n)$ を

$$l'(n) = \mathrm{IFFT}\left[L(k)H(k)\right] \tag{5.22}$$

146   5. 音源方向推定・音源分離

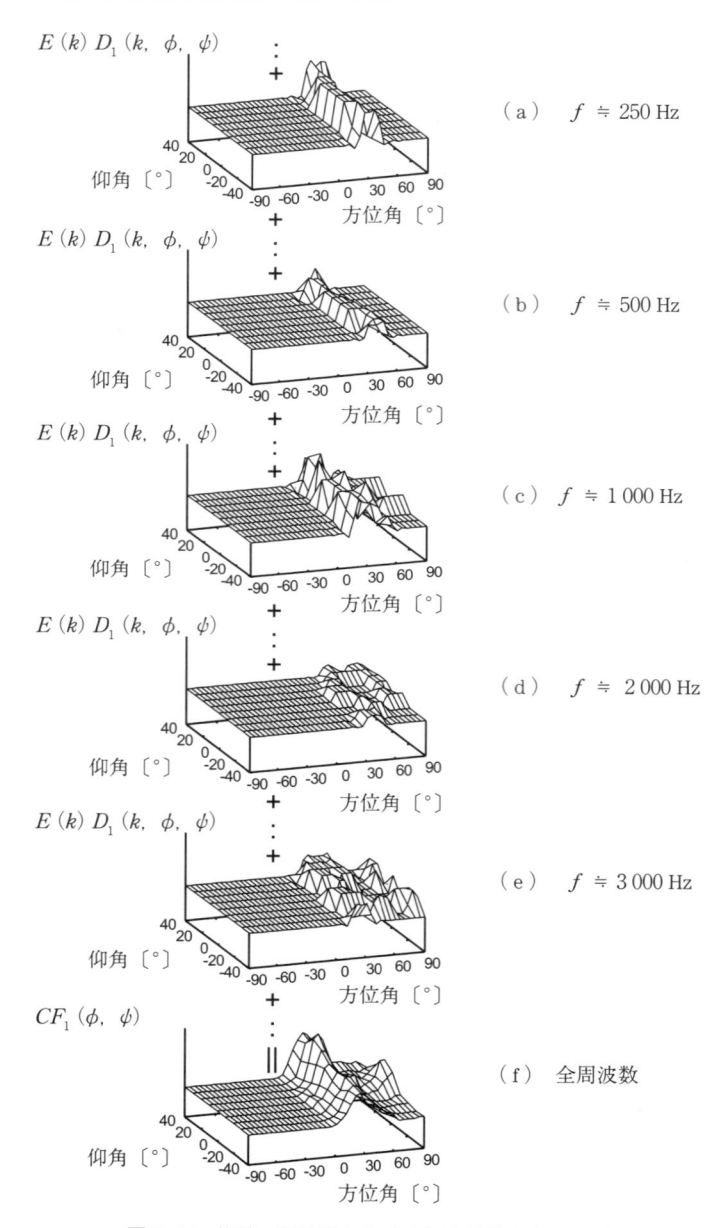

(a) $f \simeq 250\,\mathrm{Hz}$

(b) $f \simeq 500\,\mathrm{Hz}$

(c) $f \simeq 1\,000\,\mathrm{Hz}$

(d) $f \simeq 2\,000\,\mathrm{Hz}$

(e) $f \simeq 3\,000\,\mathrm{Hz}$

(f) 全周波数

図 5.13 複数の周波数における探査対象方向および
     その全周波数の累積に基づく音源方向推定

$$r'(n) = \text{IFFT}[R(k)H(k)] \tag{5.23}$$

と求める。ただし，IFFT[・]は引数の高速逆フーリエ変数を表す。このとき，理想的には，注目している音源に対応する左右両耳で観測された信号成分は，左右両チャネルの分離信号にそのまま出力されることとなり，抽出した信号においても定位情報が保存される。

〔2〕 **頭部伝達関数データベースの構築**　音源方向の推定ならびに特定音源からの信号を分離するには，観測系に対応したIPDおよびILDのデータベースが必要不可欠である。

頭部伝達関数データベースは，対象とする方位角・仰角に対する，周波数ごとのIPDおよびILDの組合せとして表現される。IPDおよびILDは，左右入力信号の観測位置および人間やダミーヘッドなど回折が生じる物体に依存する。このため周波数領域両耳聴モデルを利用して音源方向の推定や特定方向の音源信号の分離を行う場合，観測系と一致した頭部伝達関数データベースを利用する場合に，最高の性能を得ることができる。しかし，個別の観測系に対応する頭部伝達関数データベースを構築することは一般に時間・経費の面から困難が想定される。このため，頭部伝達関数またはHRIR（head related impulse response）の補完[21]や頭部伝達関数カタログから最も観測系に近い頭部伝達関数を選定する手法[22]などの研究が進められている。

図5.14は，無響室内に設置したダミーヘッドの頭部伝達関数データベース

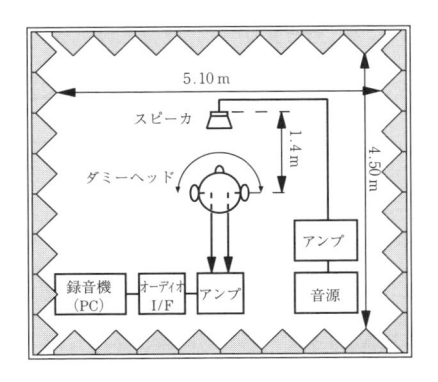

図5.14 頭部伝達関数測定系の例

を構築するための測定系の例である。ダミーヘッドの中心から 1.4m の距離に,両耳を含む水平面内に設置したスピーカから,TSP(time stretched pulse)信号[23] を放射し,これをダミーヘッドで観測し,左右両耳の頭部伝達関数を求める。ダミーヘッドの正面を 0°方向として,ダミーヘッドを回転させて測定を行うことで当該方向の頭部伝達関数を測定する。異なる仰角について頭部伝達関数を測定する際は,スピーカまでの距離を維持しつつ高さを変更することで対応する。

図 5.15 は,耳介を覆う形式の両耳補聴プロトタイプシステム(図 5.9)を利用して測定した HRTF データベースで,図の横軸は方位角,縦軸は IPD および ILD である。また図 5.16 は,MIT が公開している KEMAR ダミーヘッド

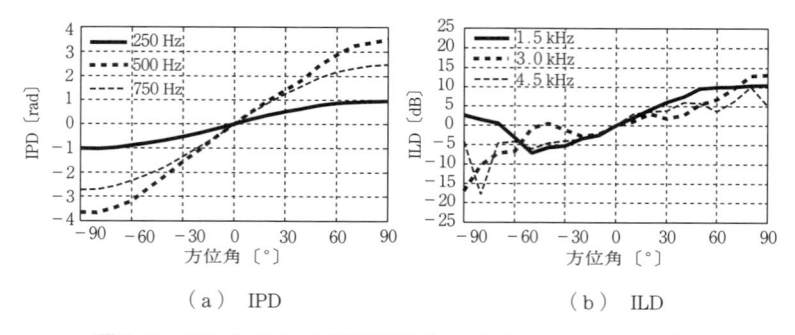

(a) IPD

(b) ILD

図 5.15 図 5.9 で示した両耳補聴プロトタイプシステムにおける方位角に対する IPD および ILD の変化

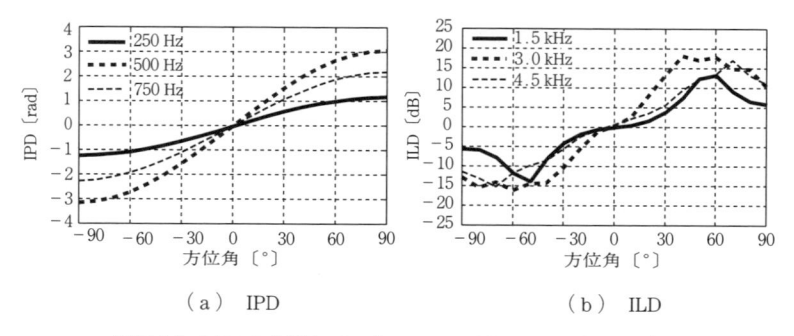

(a) IPD

(b) ILD

図 5.16 MIT の公開している KEMAR ダミーヘッドにおける方位角に対する IPD および ILD の変化

の HRIR[9] の頭部伝達関数データベースの例である．いずれの図においても，250 Hz，500 Hz，750 Hz の IPD と，1.5 kHz，3.0 kHz，4.5 kHz の ILD を プロットしている．

IPD は方位角の増加に伴いほぼ一様に増加する傾向がある．さらに，図 5.15 および図 5.16 の IPD はほぼ同様の傾向を示しているが，このことは水平面内の IPD が主として頭部の回折に依存し，両者で用いている頭部がほぼ同等の大きさであることと対応していると理解される．一方，ILD については，方位角に比例する形ではなく，複雑に変化している．さらに，図 5.15（b）と図 5.16（b）を比較すると，両者に大きな差が見られる．このことは，ILD が，頭部の回折によるレベル変化のみならず，頭部前面から到来する音波と後頭部から到来する音波がたがいに干渉し，方位角により ILD が大きく変化することや，耳介による共振現象などが複雑に関係しているためと考えられる．特に，周波数領域両耳聴モデルでは観測した IPD および ILD から音源方向を推定するため，条件によって特定の ILD に対して，複数の音源方向の候補が存在することになり，単一の周波数帯域のみの情報から精度よく音源方向を推定することは困難になる．

5.4 左右方向の探査

水平面内で方位角を探査することは，5.2 節で議論した両耳間相関を用いた古典的モデル（Jeffress-Colburn モデル），カクテル・パーティ・プロセッサ，周波数領域両耳聴モデルのいずれでも可能だが，いずれも基本的には前後方向の区別はできず，正面を中心に $-90°\sim+90°$ の範囲で音源方向を推定している．

なお，音源が後方に存在する場合，基本的にはコーン状の混同により，耳軸に対して線対象な正面方向に音源が推定されてしまう．

5.4.1 両耳間相互相関を用いた古典的モデルによる探査

まず両耳間相互相関を用いた古典的モデルでは、蝸牛の周波数分析機能を模した形で帯域分割された左右入力信号間の相関をとり、そのピークに対応する出力の極大値を検出することで、音源の方向推定を行う。古典的モデルでは、遅延線路の長さ内に複数の波長が含まれる高い周波数帯域では、信号間の相関値は複数のピークをもつこととなり、音源方向を一意に決めることはできない。しかし、複数の帯域間で共通するピークを検出することで、音源方向を特定することができる。高周波数帯域では、ILD に左右入力の差が大きく反映されているにもかかわらず、古典的モデルでは相関値のピークは、ITD にのみ依存しており、ILD は直接反映されいない。このため ILD を相関値に反映させるために、ILD に対応した荷重関数を相関値の計算に導入するモデルが提案されている[24]。

5.4.2 カクテル・パーティ・プロセッサによる探査

Gaik および Lindeman のモデルをもとに、Bodden が構築したカクテル・パーティ・プロセッサでは、5.3.2 項で説明したように、3つの改良がなされており、ILD に対応した方向推定や単耳での方向推定をモデル化している。

このプロセッサは、遅延線路を伝搬する信号成分に対する荷重を、ILD に対応する形で制御することで、ILD・ITD を相互に補完する形でモデル化している。このため、ITD が中心的な機能を示す低周波帯域のみならず、ILD が音源の方向により大きく変化する高周波帯域でも、音源方向の探査が可能になっている。

しかしながら、カクテル・パーティ・プロセッサも古典的モデル同様、音源方向の分解能は、遅延線路の遅延量に依存する。方向推定の刻み幅を小さくするには、遅延線路での遅延量を小さくすることで対応できるが、そのことは直接的にモデルにおける演算量の増加をもたらすことになる。さらに周波数方向での分解能についても、古典的モデル同様、聴覚心理分野での代表的な聴覚フィルタである**等価方形幅**（**ERB**：equivalent rectangular bandwidth）フィル

タか，**臨界帯域幅**（critical band）**フィルタ**で帯域分割されているため，分解に用いたフィルタの帯域幅に制限されている。

5.4.3　周波数領域両耳聴モデルによる探査

　周波数領域両耳聴モデルでは，観測された信号の各帯域で計測された IPD ならびに ILD から，方位角および仰角を推定しているが，水平面内のみでの音源方向推定，すなわち方位角のみの推定も可能である。その場合，観測される角度範囲は，遅延線路を利用したモデル同様に，正面を 0° として −90°〜 +90° の範囲となる。

　しかし，時間領域処理を行う古典的モデルやカクテル・パーティ・プロセッサと異なり，周波数領域に変換したのちに方向探査を行うため，周波数分析する処理ブロックに含まれる信号成分の平均値として方向が推定される。一方，周波数分解能は，処理ブロック長に反比例する形となり，時間分解能と周波数分解能が反比例する形になる。ただし，図 5.3 に示したように，観測された IPD, ILD に対応する方位角の変化は一応ではなく，低周波数帯域では IPD の比較的小さな観測誤差が方位角の推定値に大きな誤差を生じ，高周波数帯域では ILD の観測誤差により複数の方位角を推定してしまうことになり，すべての角度に対して安定して推定できるわけではない。具体的には，正面方向から ±30° ないし ±45° の範囲では，比較的 ILD や IPD と方位角が線形な関係を保っており，安定した方向探査が可能となるが，それ以上の角度範囲，すなわち，耳軸に近い方位角では，急速に推定精度が低下してしまう。

　このような現象は，人間が聴覚を用いて音源方向の探査を行う場合，正面方向の分解能は高いものの，側方の推定精度は急速に低下することに対応している（Blauert[10] の 2.1 Localization and Localization Blur 参照）。このため，人間は音源の方向を探査する際には，頭部の回転運動を積極的に用いることで，方向推定の精度を高く保つとともに，前後誤判定を抑制している。

　周波数領域両耳聴モデルを用いて，音源方向を推定し，その推定結果に基づき音源分離を行った場合の結果を，**図 5.17** および **図 5.18** に示す。図 5.17 は，

152   5. 音源方向推定・音源分離

(a) 目的音源が 0°　　　　　(b) 目的音源が +40°

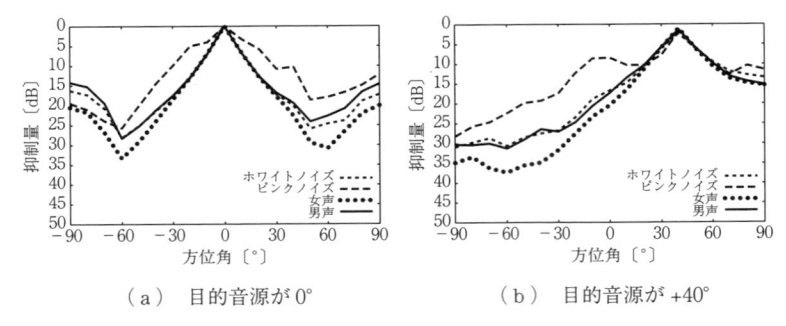

図 5.17 図 5.9 で示した両耳補聴プロトタイプシステムでの周波数領域両耳聴モデルによる指向特性

(a) 目的音源が 0°　　　　　(b) 目的音源が +40°

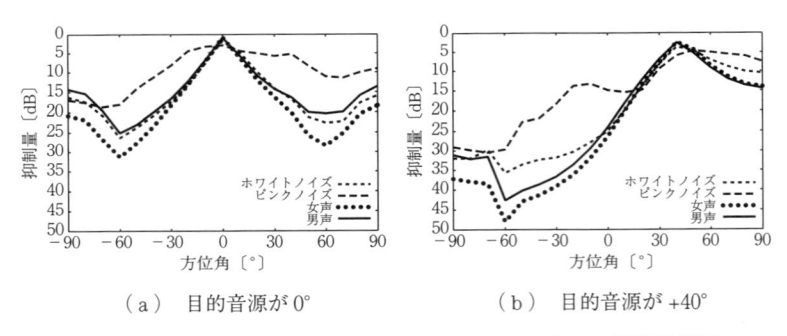

図 5.18 MIT の公開している KEMAR ダミーヘッドでの周波数領域両耳聴モデルによる指向特性

図 5.9 の補聴システムをダミーヘッドに装着した場合の分離性能,図 5.18 はダミーヘッドのみの場合の分離性能を示している。図の横軸は方位角,縦軸は目的音源方向を基準とした抑制量〔dB〕である。音源には,ホワイトノイズ,ピンクノイズ,女声,男声の 4 種類を用い,音源の方位角は,0°または 40°とした。図 5.17 および図 5.18 に共通する特徴としては,音源信号がホワイトノイズまたはピンクノイズの場合,方位角に対する分離性能は,女声・男声に比べ低下すること,また,音源が 0°の場合は,方位角±90°近傍の分離性能が低下していることが挙げられる。図 5.17 と図 5.18 との比較から,図 5.9 の補聴システムとダミーヘッドでの指向特性には大きな差はないものの,音源が 40°の場合,女声・男声に対する指向特性はダミーヘッドのみを用いた場

合のほうが鋭くなっている。

5.5 前後・上下方向の探査

　遅延線路を用いた古典的モデルや，それを発展させたカクテル・パーティ・プロセッサは，前節で述べたように正面方向の水平面内での音源方向探査は可能であるが，前後方向の判断のみならず，上下方向の探査は基本的に考慮されていない。このことは，純音などスペクトル構造の簡単な音の到来方向を人間が探査する場合，音声などと比較して，極端に上下方向の推定精度が低下するという聴取実験の結果からや，図5.2で示すコーン状の混同が生じることからも，容易に推測できる。

　しかし，混同が生じるこのコーンの形状は，空間に置かれた2本のマイクロホンで観測する場合に比べ，頭部の回折，肩などからの反射，耳介における共振や回折などにより，不整形になると想定され，しかもその形は周波数ごとに大きく変化することが想定される。このことは，広い帯域にスペクトル成分をもつ音を観測した場合，ある周波数で観測されたIPDやILDの組合せを満足する方位角・仰角の組合せは複数あるとしても，複数の周波数帯域で共通した方向に対応するスペクトル成分が，同一の音源から放射されていると仮定すると，方位角・仰角の組合せを限定できる可能性がある。

　このように，複数の周波数帯域での音源方向の推定値を組み合わせ，遅延線路を用いた古典的モデルを改良する試みが複数なされている[25]。しかしこれらの試みは，仰角の推定を目指したものではなく，同時に存在する複数の音源を分析するための方法として提案されている。一方，周波数両耳聴モデルでは，複数の周波数成分での分析結果を組み合わせることで，音源の方位角ならびに仰角を推定することができることを5.2.3項で示した。ここでは，複数の周波数における推定値の利用法を，少し詳しく見ていく[26]。

　図5.19は，MITの公開しているKEMERダミーヘッドの頭部伝達関数カタログから，±40°の範囲の仰角に対して，750 HzのIPDおよび3 kHzでのILD

154   5. 音源方向推定・音源分離

（a） 750 Hz における IPD　　　　（b） 3 kHz における ILD

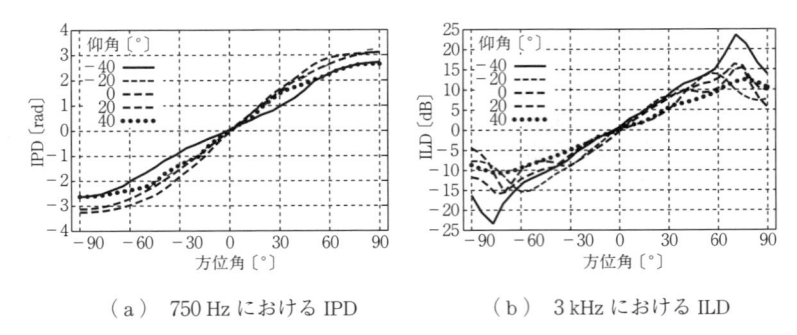

図 5.19 仰角を変化させたときの IPD ならびに ILD の変化

の変化について，プロットしたものである。3 kHz における ILD のように複雑な変化をしているところがあるが，図（a）や図（b）でも ILD・IPD が小さい範囲では，IPD・ILD に対応する方位角・仰角が系統的に変化していることがわかる。

　音源方向の推定に際しては，特定の周波数帯域で得られた IPD・ILD をもとに，音源方向として可能性のある方位角・仰角の組合せを，観測されたスペクトル強度に対して荷重をかけた形で，全体帯域で積算する。図 5.13 に示したように，図（a）～（e）の各周波数成分では，音源方向の候補の集合として探査候補方向が求まり，それらを全周波数で積算することで図 5.13（f）が得られる。各周波数成分では判然としなかった音源方向が，特定の方位角・仰角にピークが形成され，音源方向を推定することが可能となる。

　周波数領域両耳聴モデルでの方位角・仰角の同時推定は，正中面近傍では仰角に対する分解能を期待できない。これは，図 5.19 の IPD＝0 rad/s や，ILD＝0 dB のプロットが，方位角が 0 の場合，いずれの仰角でも同一の値になっていることからも容易に理解できる。しかし，Morimoto *et al.* の研究[27]で示されているように，HRTF の周波数特性を適切に制御することで，人間は正中面内であっても，相当の精度で音源の仰角成分を判別できる。具体的には，矢状面座標系に音源を配置し，280 Hz～11.2 kHz の広帯域雑音を用いて，音源方向知覚に関する聴取実験を行っている。その結果，正中面に対応する側方角

$α=0°$ で,上昇角 $β$ の変化に対応する形で,音源定位ができることが,図4.7に示されている。さらにスペクトル成分の中でも,図2.18で示す N1, N2 などのスペクトル成分のノッチ部分を知覚することで,人間は正中面などで精度よく仰角の推定ができることが示されている[11]。

これらスペクトル成分のノッチの存在により,前後誤判定を大幅に抑制できることが知られており,任意の周波数成分をもつ音響信号に対してノッチ周波数に基づく音源方向推定機能を構築することにより,従来の方位角 $±90°$ の範囲だけでなく,全方位角 $0°〜360°$ を推定でき,しかも仰角の推定が可能なモデルが実現できる可能性がある。**ノッチの自動検出**に関しては,すでに Iida[28] が具体的な提案を行っており,今後の展開が期待される。

前節ならびに本節で議論してきた音源方向探査は,反射のない環境を前提にして議論がなされているが,実際の応用分野では,無響室のような反射のない環境は非現実的である。しかし,実際にはこれまで議論してきたモデルには,カクテル・パーティ・プロセッサのように積極的に先行音効果への対応をしているものもあるが,残響下における性能については,なおいっそうの向上が期待される。

5.6 複数音源の探査

これまで取り上げた3つの両耳聴モデルいずれでも,複数の音源が存在する場合の音源探査や,個々の音源信号の分離抽出が議論されている。

両耳間相互相関を用いた古典的モデルにより,異なる方位角に配置した2つの音源からの音を観測した場合,同一周波数帯域の信号は,その信号強度比に対応した形で,それぞれの相関関数のピークを荷重平均した形でピークが求まり,それに対応する方向から,その周波数帯域の信号が到来したものと推定される。このため,2つの信号が類似したスペクトル成分をもつ場合,単純にスペクトル強度に対応した形で荷重平均された位置に音源の到来方向が推定されることとなる。しかし,2つの信号に含まれるスペクトル成分が重複しない場

合は，当該スペクトル成分が卓越した音源の方向を推定できるため，全周波数成分を累積すると，複数の音源が存在することが検出できる。このことを利用し，異なった方向から男声および女声が放射された場合に，その音源方向が分離でき，それぞれを分離抽出できる可能性が示されている[29]。

カクテル・パーティ・プロセッサは，Lindeman の提案した対側抑制[13]により，音響事象の立ち上がりを抽出することで，直接音に対応する成分により音源方向を推定することを目指している。対側抑制は，反射音を抑制することも期待されているが，その効果は限定的である。

周波数領域両耳聴モデルも，古典的モデルの場合と同様に，スペクトル領域での信号間の独立性を活用することで，複数音源の方向探査や個々の音源に対応する信号分離を実現している。具体的には，各周波数帯域で観測された方向推定情報を，その方向に基づきグループ化したうえで累積することで，図 5.20 のように方位角と仰角の組合せに対するヒストグラムを求め，これをもとにグループ化された音源の方向を推定するものである。図 5.13 は，音源 S_1 を $(30°, 20°)$ に，音源 S_2 を $(-60°, -20°)$ に配置し，観測フレームにおける両音源のレベル差を 0 dB とした場合の結果である。

音声のパワーは，母音部分が卓越しており，そのスペクトルはピッチ周波数とその高調波にピークをもつ。このため複数の音声が混合した場合も，各音声

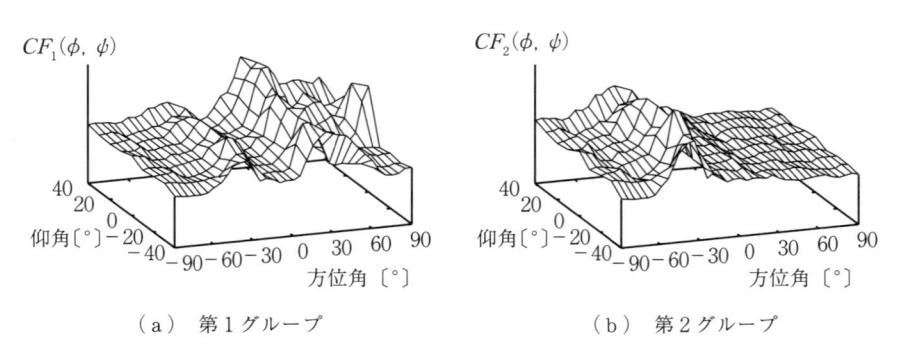

(a) 第1グループ　　　　　　(b) 第2グループ

図 5.20　2つの音源が存在する場合の音源方向推定のための探査対象方向の累積ヒストグラム（音源 S_1 $(30°, 20°)$ および音源 S_2 $(-60°, -20°)$ から異なる音声信号を，レベル差を 0 dB で放射した場合の分析結果）

のスペクトルピークが重量しない可能性は高く，周波数領域両耳聴モデルでは，図 5.21（a）に示すように安定して 2 つの音源を分離抽出できる。しかし，図（b）音声対ホワイトノイズの場合は，スペクトル成分の独立性が弱まると分離精度が低下する。

（a） S_1 男声・S_2 女声の場合

（b） S_1 男声・S_2 ホワイトノイズの場合

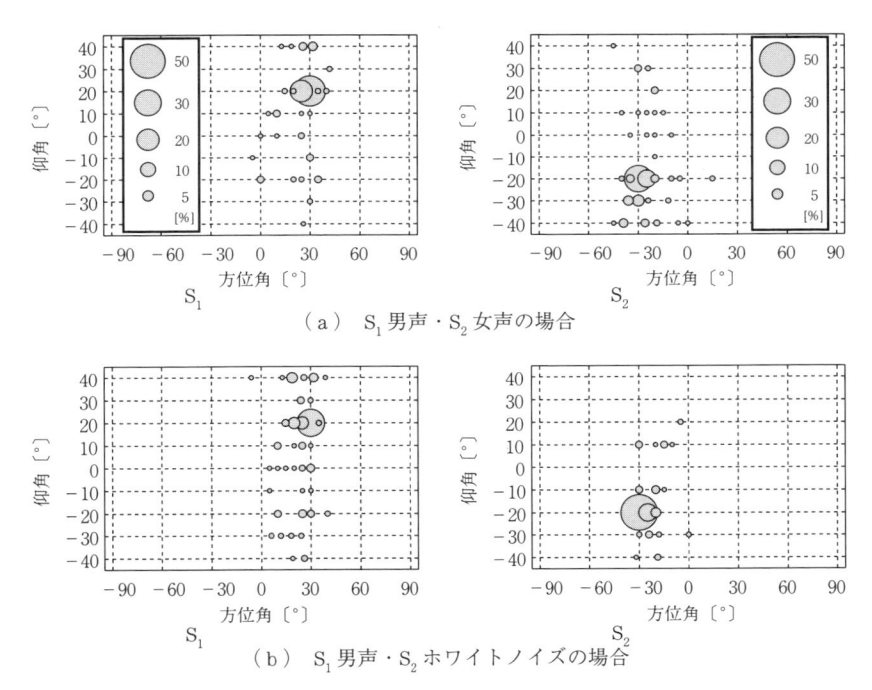

図 5.21 2 つの音源（S_1, S_2）が存在する場合の方向推定結果（2 音源のパワー比は 0 dB。S_1 は（30°，20°），S_2 は（-30°，-20°）に配置）

以上のように，各種の両耳聴取モデルは，ある範囲で成功しているものの残響への対応など今後解決すべき問題もあり，さらなる研究の展開が期待される。

5.7 マイクロホンアレイによる音源方向推定・音源分離

本章のはじめにも概要を述べたように，マイクロホンアレイで音源方向の推定や，特定の音源の分離を行うための手法が数多く研究されている。ここで

は,リアルタイム性をもつ具体的な応用例として,ヒューマノイドロボットの音響センサおよび独立成分分析を用いた携帯型音源分離システムについて簡単に紹介する。

産業技術総合研究所は,ヒューマノイドロボット HRP-2 プロメテ[30]を開発したと 2002 年に発表した。このロボットでは音声対話機能の実装のために,頭部に装着したマイクロホンアレイを用い,図 5.22(a)のシステム構成で認識対象音声を分離抽出している[31],[32],[33]。具体的には,図(b)に示す形状のロボット頭部に装着した 8 素子のマイクロホンアレイを用いて,音源方向を MUSIC 法で検出するとともに,ステレオカメラでとらえた人間などの方向情報を融合することで,精度よく音源方向をとらえている。目的信号の分離では,マイクロホンアレイ入力に**最尤適応ビームフォーミング**(maximum likelihood adaptive beamforming)を適用することで,高い分離性能を実現している。ここで開発された技術は,会議システムでの集音系へも応用されている[34]。

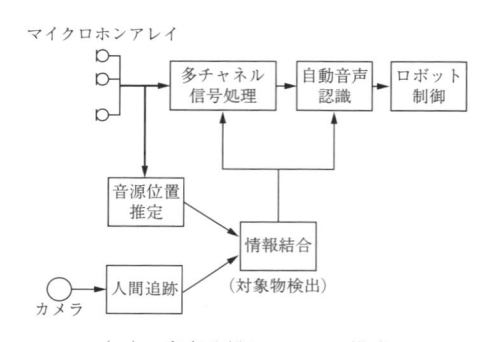

(a) 音声分離システムの構成　　(b) マイクロホンアレイの配置

図 5.22 ヒューマノイドロボット HRP-2 のおける音声分離システムならびに頭部に装着されたマイクロホンアレイ[27]

独立成分分析をマイクロホンアレイに応用する分野では,開発当初はリアルタイムシステムを実現することは,その演算量からきわめて困難であると考えられていたが,固定小数点 DSP でのこのアルゴリズムを実現する方法[35]が提案されたことで,IC レコーダ程度の携帯型小型機器[26]として実装され,すで

に市販されている。

引用・参考文献

1) 金田　豊：マイクロホンアレーによる指向性制御（小特集：マイクロホンアレー），音響会誌，**51**，5, pp. 390-394（1995）
2) 金田　豊：騒音下音声認識のためのマイクロホンアレー技術（小特集：音響信号処理による音声認識性能の改善），音響会誌，**53**，11, pp. 872-876（1997）
3) 菊間信良：アレーアンテナによる適応信号処理，科学技術出版（2004）
4) H. Saruwatari : Blind source separation based on a fast-convergence algorithm combining ica and beamforming, IEEE Trans. Speech and Audio Process, **14**, pp. 666-678 (2006)
5) Y. Kaneda: Directivity characteristics of adaptive microphone-array for noise reduction (amnor), Journal of the Acoustical Society of Japan (E), **12**, 4, pp. 179-187 (1991)
6) M. Miyoshi: Inverse filtering of room acousics, IEEE Trans. ASSP, **36**, 2, pp. 145-152 (1988)
7) M. Kato, H. Uematsu, M. Kashino and T. Hirahara : The effect of head motion on the accuracy of sound localization, Acoustical Science and Technology, **24**, 5, pp. 315-317 (2003)
8) Y. Suzuki, Y. Iwaya and D. Kimura: Effects of head movement on front-back error in sound localization, Acoustical Science and Technology, **24**, 5, pp. 322-324 (2003)
9) MIT. HRTF measurements of a kemar dummy-head microphone. (http://sound.media.mit.edu/resources/KEMAR.html)
10) J. Blauert: Spatial Hearing, Revised Edition, MIT Press (1997)
11) K. Iida, M. Itoh, A. Itagaki and M. Morimoto: Median plane localization using a parametric model of the head-related transfer function based on spectral cues, Applied Acoustics, **68**, pp. 835-850 (2007)
12) L. A. Jeffress: A place theory of sound localization, Journal of Comparative and Physiological Psychology, **41**, 1, pp. 35-39 (1948)
13) W. Lindemann: Extension of a binaural cross-correlation model by contralateral inhibition. I. simulation of lateralization for stationary signal, Journal of Acoustical Society of America, **80**, 6, pp. 1608-1622 (1986)
14) W. Gaik: Combined evaluation of interaural time and intensity differences : Psychoacoustic results and computer modeling, Journal Acoustical Society of America, **94**, 1, pp. 98-110 (1993)

15) M. Bodden: Modeling human sound source localization and cocktail-party-effect, Acta Acoustica, **1**, 1, pp. 43-55 (1993.)
16) T. Usagawa, M. Bodden and K. Rateitschek: A binaural model as a front-end for isolated word recognition, In Proceedings of Fourth International Conference on Spoken Language Proceedings, **4**, pp. 2352-2355 (1996)
17) H. Nakashima, Y. Chisaki, T. Usagawa and M. Ebata: Frequency domain binaural model based on interaural phase and level differences, Acoustical Science and Technology, **24**, 4, pp. 172-178 (2003)
18) Nagoya University. Head related transfer function distributed by itakura lab, nagaoya university. (http://www.itakura.nuee.nagoya-u.ac.jp/HRTF/)
19) K. Matsuo, S. Kawano, K. Hagiwara, H. Nakashima, Y. Chisaki and T. Usagawa : Howling canceller based on ild for binaural hearing assistant system, In The 2005 Spring Meeting of The Acoustical Society of Japan, pp. 529-530 (2005)
20) B. J. C. Moore : An Introduction to the Psychology of Hearing Academic Press, (1989)
21) T. Nishino, S. Kajita, K. Takeda and F. Itakura: Interpolating head related transfer functions in the median plane, In Proceedings of 1999 IEEE Workshop on Applications of Signal Processing to Audio and Acoustics, pp. 167-170 (1999)
22) K. Watanaba, S. Takane and Y. Suzuki: Interpolation of head-related transfer function based on the common-acoustical-pole and residue model, Acoustical Science and Technology, **24**, 5, pp. 335-337 (2003)
23) Y. Suzuki, F. Asano, H-Y. Kim and T. Sone : An optimum computer-generated pulse signal suitable for the measurement of very long impulse responses, Journal of Acousitcal Society of America, **97**, pp. 1119-1123 (1995)
24) B. McA. Sayers: Acoustic-image lateralization judgement with binaural tones, Journal of Acoustical Society of America, **36**, pp. 923-926 (1964)
25) R. M. Stern and G. D. Shear: Lateralization and detection of low-frequency binaural stimuli: Effects of distribution of internal delay, Journal of the Acoustical Society of America, **100**, pp. 2278-2288 (1996)
26) Y. Chisaki, S. Kawano, K. Nagata, K. Matsuo, H. Nakashima and T. Usagawa: Azimuthal and elevation localization of two sound sources using interaural phase and level differences, Acoustical Science and Technology, **29**, 2, pp. 139-148 (2008)
27) M. Morimoto, K. Iida and M. Itoh: Upper hemisphere sound localization using head-related transfer functions in the median plane and interaural differences, Acoustical Science and Technology, **24**, 5, pp. 270-279 (2003)
28) K. Iida: Model for estimating elevation of sound source in the median plane from ear-input signals, Acoust. Sci. & Tech., **31**, 2, pp. 191-194 (2010)

29) R. F. Lyon: A computational model of binaural localization and seperation. In Proceedings of the IEEE International Conference on Acoustics, Speech and Signal Processing, pp. 1148-1151 (1993)
30) 産業技術総合研究所：生活活動支援ヒューマノイドロボットプラットホームを開発
http://www.aist.go.jp/aist_j/press_release/pr2006/pr20060123/pr20060123.html.
31) F. Asano: Signal processing techniques for robust speech recognition, IEICE Trans. Inf. & Syst., **E91-D**, 3, pp. 393-401 (2008)
32) F. Asano, K. Yamamoto, I. Hara, J. Ogata, T. Yoshimura, Y. Motomura, N. Ichimura and H. Asoh: Detection and separation of speech event using audio and video information fusion and its application to robust speech interface, EURASIP Journal on Applied Signal Processing, **2004**, 11, pp. 1727-1738 (2004)
33) 山本　潔，浅野　太，原　功，緒方　淳，麻生英樹，山田武志，北脇信彦：ヒューマノイドロボット hrp-2 における音響情報と画像情報を統合したリアルタイム音声インタフェース，音響会誌，**62**，3, pp. 161-172 (2006)
34) F. Asano, K. Yamamoto, J. Ogata, M. Yamada and M. Nakamura: Detection and separation of speech events in meeting recordings using a microphone array, EURASIP Journal on Applied Signal Processing and Music Processing, **2007**, p. Article ID 27616 (2007)
35) R. Prasad, H. Saruwatari, A. Lee and K. Shikano : A fixed-point ica algorithm for convluated speech signal separation, In Proceedings of 4th International Symposium on Independent Component Analysis and Blind Signal Separation (ICA2003), pp. 579-584 (2003)
36) T. Hiekata, Y. Ikeda, T. Yamashita, T. Morita, R. Zhang, Y. Mori, H. Saruwatari and K. Shikano: Development and evaluation of pocket-size real-time blind source separation microphone, Acoust. Tech. & Sci., **30**, 4, pp. 297-304 (2009)

索　引

い

位相定数　84
1次音源　94
イヤーシミュレータ　40, 76
因果性　106

え

エコー検知限　28
エコーディスターバンス　28
円状アレイ　101

お

横断面　4
横断面配置　117
音刺激　1
音に包まれた感じ　35, 42
音響設計　34, 39
音響的手がかり　3
音源　1, 3
音源距離　30
音源信号の分離抽出　129
音源方向　144
音源方向推定　129
音像　2, 37, 43
　──の空間的な分離　27
　──の分離の割合　29
音像距離　30

か

外耳道　61
外耳道入口　1, 6
回折係数　54
外挿行列　98
蝸牛　137
カクテル・パーティ・プロセッサ
　　136, 140, 150, 156
荷重関数　140

仮想境界面　63
仮想点音源　99
カラレーション　101
ガンマトーンフィルタバンク　137

き

基底膜　137
キュー　3
球Bessel関数　53
球座標系　5
球状頭　52, 75
球バフル　52, 75
境界面音圧制御方法　123
境界要素法　8
仰角　5
近距離音場　33

く

空間エイリアジング　96
空間音響回路網　63
空間的性質　2
空間伝達関数　1, 23
グリーンの公式　83
クロストーク　72, 114
クロストークキャンセラ　116
クント管　82

け

原音場　4

こ

合成音像　15
剛壁円筒管耳道の耳　56
コヒーレント　37
鼓膜　61
コーン状の混同　16, 132, 153

さ

最小ノルム解　121
最尤適応ビームフォーミング
　　158
座標系　4
3次元計測法　77

し

耳介の鐺状部　61
耳介の窪み部　61
時間的性質　2
耳甲介腔　61
耳甲介舟　61
耳甲介部　61
矢状面　5
矢状面座標系　5, 113
質的性質　2
実頭　78
周波数領域両耳聴モデル　141
受聴者にそっくりな
　　ダミーヘッド　107
主ビーム　129
上昇角　5
初期側方エネルギー率　39
進行波音源　62

す

スイートスポット　125
水平面　4
スペクトラルキュー　17
スペクトラルキュー再学習　22

せ

正中面　4
先験的な知識　23
先行音効果　27, 139
前後エネルギー比　42

前後誤判定　　　　17, 155	頭部伝達関数カタログ　143	扁平回転楕円体　　　　75
そ	頭部伝達関数データベース	
総合主観評価　　　　　　1	144, 147	**ほ**
測定用音源　　　　　　　8	到来方向　　　　　52, 79	方位角　　　　　　　　　5
速度ポテンシャル　　　 53	独立成分分析法　　　 130	方向決定帯域　　　　　24
側方角　　　　　　　　　5	トランスオーラル系　116	
た	トランスオーラルシステム　10	**ま**
第1種球 Bessel 関数　 53	トーンバースト　　　　68	マイクロホンアレイ　129
第1波面の法則　　 27, 43	**ぬ**	**み**
対側抑制　　　　 136, 156	ヌル制御　　　　　　 130	みかけの音源の幅　　　35
ダイポール音源　　　　88	**の**	耳　軸　　　　　　　　 5
多チャネル・トランスオーラル系	ノッチ　　　　　　　　 8	耳栓型マイクロホン　　 7
120	──の自動検出　　 155	耳入力信号　　　　　　 1
多入力多出力系逆フィルタ理論	**は**	**ゆ**
131	ハース効果　　　　　　29	有毛細胞　　　　　　 137
ダミーヘッド　　　 12, 71	パーセントスプリット　29	**よ**
ダミーヘッドステレオフォニー	パニング　　　　　　　16	要素感覚　　　　　 2, 111
72	波面合成　　　　　　　93	4 端子回路　　　　　　67
単位インパルス　　　　79	波面合成方法　　　　 123	**ら**
単位インパルス応答　79, 81	パラメトリック HRTF　19	ラウドネス　　　　　　31
ち	反射音構造　　　　　　33	**り**
遅延和アレイ法　　　 130	**ひ**	リアルヘッド　　　　　78
て	ピーク　　　　　　　　 8	リファレンス情報　　　20
テブナン音圧　　　　　56	ビームフォーミング　130	粒子速度　　　　　　　53
テブナン音響インピーダンス	ヒューマノイドロボット	両耳間強度差　　　　 133
56	129, 158	両耳間位相差　　　　 133
テブナンの等価回路 56, 67	標準化ダミーヘッド　　75	両耳間差　　 32, 107, 116
伝達因子　　　　　　　58	広がり角　　　　　　　40	両耳間差情報　　　　　13
点の耳　　　　　　　　52	──の重回帰式　　　40	両耳間時間差　　 13, 133
と	広がり感　　　　　　　34	両耳間相関度　　　 37, 39
等化器　　　　　　　　73	**ふ**	両耳間相互相関　　　 136
等価方形幅フィルタ　151	複素指数関数信号　　　67	両耳間相互相関関数　　37
動的な手がかり　　　 113	ブラインド分離法　　 130	両耳間相互相関器　　 137
頭内定位　　　　　　　73	プローブマイクロホン　 7	両耳間レベル差　 13, 133
頭部インパルス応答 6, 79	分布定数回路　　　　　58	両耳聴モデル　　　　 135
頭部運動　　　　　　　25	**へ**	両耳入力信号の包絡線　14
頭部伝達関数　 1, 6, 23, 66,	ヘッドトラッカ　　　 114	両耳ラウドネス　　　　36
109, 111, 117, 132, 135	ヘルムホツ-キルヒホッフ	臨界帯域幅フィルタ　 151
──の個人差　　　　12	の積分定理　　　　　86	臨界帯域幅フィルタバンク
──の個人適応　　　12	ヘルムホルツ方程式　　84	137
──のノッチ周波数　19		

A

AACHEN Head	76
acoustic holography	93
adaptive wave field synthesis	93
AMNOR 法	130
apparent source width	34
ASW	35
auditory source width	35

B

BEM	8
BSPL	36, 40

C

C_{80}	43
concha	21

D

DICC	40
diffuse field	76
DOA	52, 79, 144
DOA 軸	52
dummy head	75

E

Earlike Coupler	76
ERB	151

F

FBR	42
FDTD 法	8
FEC	109
fossa	21

H

HATS	75, 76
head and torso simulator	76
HRIR	6
HRTF	1, 6, 66

I

$IACC_E$	40
ICC	37
IID	133
ILD	13, 133
IPD	133
ITD	13, 133

J

Jeffress-Colburn モデル	135

K

KEMAR	76, 114, 148

L

Legendre 関数	53
LEV	35, 42
LF	39
listener envelopment	35

M

manikin	75
MINT	131
MUSIC 法	130
M 系列信号	8, 79

N

NFD	13

P

PDR	109

R

Räumlichkeit	34

S

scapha	21
SD	12
short-time cross-correlation coefficient	37
Sommerfeld infinity condition	89
spaciousness	34
spatial impression	34
spatial responsiveness	34
Stereo Dipole 方式	117
subjective diffuseness	34

T

The KU 100 dummy head	76
TSP 信号	8, 79, 148

U

unwrap 処理	134

W

wave field synthesis	82, 93, 123
Weber の法則	41
Weber 比	42

―――― 編著者・著者略歴 ――――

飯田　一博（いいだ　かずひろ）
1984 年　神戸大学工学部環境計画学科卒業
1986 年　神戸大学大学院工学研究科博士前期課程修了（環境科学専攻）
1986 年　松下電器産業株式会社（現パナソニック株式会社）勤務
1993 年　神戸大学大学院工学研究科博士後期課程修了（環境科学専攻）
　　　　博士（工学）
2007 年　千葉工業大学教授
　　　　現在に至る

福留　公利（ふくどめ　きみとし）
1966 年　九州大学工学部電子工学科卒業
1968 年　九州大学大学院工学研究科修士課程修了（電子工学専攻）
1971 年　九州大学大学院工学研究科博士課程単位修得退学
　　　　（通信工学専攻）
1971 年　九州芸術工科大学助手
1988 年　工学博士（九州大学）
1990 年　九州芸術工科大学助教授
2003 年　九州大学助教授
　　　　（九州大学と統合）
2007 年　退職

宇佐川　毅（うさがわ　つよし）
1981 年　九州工業大学工学部情報工学科卒業
1983 年　東北大学大学院工学研究科博士前期課程修了（情報工学専攻）
1983 年　熊本大学助手
1988 年　工学博士（東北大学）
1988 年　熊本大学講師
1990 年　熊本大学助教授
2003 年　熊本大学教授
　　　　現在に至る

森本　政之（もりもと　まさゆき）
1970 年　神戸大学工学部建築学科卒業
1977 年　神戸大学助手
1983 年　工学博士（東京大学）
1989 年　神戸大学助教授
1995 年　神戸大学教授
2012 年　神戸大学名誉教授

三好　正人（みよし　まさと）
1981 年　同志社大学工学部電気工学科卒業
1983 年　同志社大学大学院工学研究科博士前期課程修了
　　　　（電気工学専攻）
1983 年　日本電信電話公社（現日本電信電話株式会社）勤務
1991 年　工学博士（同志社大学）
2009 年　金沢大学教授
　　　　現在に至る

空 間 音 響 学
Spatial Hearing

Ⓒ 一般社団法人 日本音響学会 2010

2010 年 8 月 27 日 初版第 1 刷発行
2017 年 4 月 30 日 初版第 3 刷発行

検印省略	編　　者	一般社団法人　日本音響学会
	発 行 者	株式会社　コ ロ ナ 社
	代 表 者	牛 来 真 也
	印 刷 所	萩原印刷株式会社
	製 本 所	有限会社　愛千製本所

112-0011　東京都文京区千石 4-46-10
発 行 所　株式会社　コ ロ ナ 社
CORONA PUBLISHING CO., LTD.
Tokyo Japan
振替 00140-8-14844・電話(03)3941-3131(代)
ホームページ　http://www.coronasha.co.jp

ISBN 978-4-339-01322-1　C3355　Printed in Japan　　　（新宅）

本書のコピー，スキャン，デジタル化等の無断複製・転載は著作権法上での例外を除き禁じられています。
購入者以外の第三者による本書の電子データ化および電子書籍化は，いかなる場合も認めていません。
落丁・乱丁はお取替えいたします。